Essai post-animal

L'art et la spiritualité sont-ils solubles dans l'évolution ?

5-7, rue de l'École-Polytechnique ; 75005 Paris
http://www.harmattan.fr
diffusion.harmattan@wanadoo.fr
harmattan1@wanadoo.fr
ISBN : 978-2-343-07977-6
EAN : 9782343079776

Frédéric Louchart

Essai post-animal

L'art et la spiritualité sont-ils solubles dans l'évolution ?

L'Harmattan

Introduction

Il paraît que seul l'Homme croit en quelque chose de supérieur et sait distinguer le beau du laid. De ce goût pour les choses abstraites, il tirerait le prestige de s'arracher au monde animal. Il aurait pu choisir le fait de s'asseoir, ou détruire son propre monde avec satisfaction. Mais non, il se fait un devoir d'émettre un jugement aussi brillant que « ah, c'est beau », et cela lui vaudrait d'échapper au monde animal. L'animalité disparaîtrait avec les institutions collectives portées par les grands récits.

Trois arguments contredisent pourtant cette affirmation largement partagée. Le premier tient à l'obsession qu'ont les institutions à régir le corps, la santé, la sexualité ou l'activité physique, et d'amplifier par le genre ce que la reproduction avait distingué par le sexe. On oppose trop facilement le sexe au genre, en omettant le fait que si une construction sociale peut être contestée, elle n'en renforce pas moins une distinction sexuelle dans la plupart des cas. Ceci laisse une marge de libre détermination faisant la joie des anthropologues. Le second argument tient au récit et au langage, qui permettent la formation de coalitions et de communautés, lesquelles ne distinguent pas seulement l'homme de l'animal, mais aussi les hommes entre eux. A la domestication ou à la domination de l'animal répondent l'esclavage et la hiérarchie sociale. Il y a toujours un grand récit, une façon d'être ou de parler pour justifier l'asservissement d'autrui. Toutefois, le rôle identitaire de la langue et du partage d'un grand récit permet une force de coalition plus étendue et plus durable que celle des autres espèces. Elle est cependant limitée par nos capacités cognitives, dans le prolongement de celles des autres primates. Le nombre d'amis ou de *followers* réellement en lien sur les réseaux sociaux stagne aux environs de 200, une limite approximativement envisagée par les primatologues[1]. Enfin, le troisième argument consiste à découpler l'animalité du biologique. Le comportement ne se réduit pas plus à la physiologie chez les primates que chez l'homme. L'organisation des sociétés, la réconciliation, l'acceptation de la hiérarchie, le don ou l'empathie font ainsi partie de l'éthologie animale. D'autre part, il semble bien qu'un animal sauvage comme le loup puisse communiquer par le biais de signes et de symboles particuliers[2]. Proclamer l'autonomie du fait social par rapport à la biologie est ce qui permet de fonder des sciences humaines, mais aussi de se couper des perspectives évolutionnaires en réduisant l'animalité à la matière vivante.

Art et spiritualité, choses abstraites remplies d'idées et de conceptions spirituelles, saturées de culture, seraient les formes les plus éloignées de l'animalité comme simple physiologie. Cette forme de discrimination du monde entre esprit et matière a pourtant fait son temps. Car, enfin, comment l'*Homo Sapiens sapiens* moderne peut-il se croire tiré d'affaire en rejetant l'animalité sur les époques passées, sur de prétendues races et sur ses petits. La barbarie de l'autre, l'animalité préhistorique, le racisme ou les babillages infantiles renvoient cette même animalité. Mais l'Homme moderne, lui, se croît sorti d'affaire. Une pensée on ne peut plus banale associe la culture à l'humanité. *Homo* n'évoluerait plus biologiquement, mais culturellement[3]. Idée banale, mais vieillotte. Les animaux apprennent, ont leurs rites et préfèrent éviter la violence inutile. En quoi les autres animaux croient-ils ? Nous n'en savons strictement rien. Raison de plus pour multiplier les jugements, tantôt naïfs, tantôt méprisants. Mais nous ne les comprenons pas. Nous ne pouvons que nous en faire une opinion. C'est bien fragile.

---

[1] Une synthèse rapide de D. Leloup : http://www.lemonde.fr/week-end/article/2011/06/04/sur-les-reseaux-sociaux-difficile-d-avoir-plus-de-200-amis_1530170_1477893.html

[2] B. Morizot : « Diplomatie dans la communauté biotique à l'anthropocène », intervention lors du colloque « Penser l'anthropocène » au Collège-de-France, 2015.

[3] Voir sur ce point Georges Guille-Escuret,: *Le Décalage Humain ; le fait social dans l'évolution.* 1994, Editions Kimé, Paris & André Leroi-Gourhan : *Le Geste et la parole.* Paris, Albin Michel, Vol. I, 1964.

Dans les années 1930, l'allemand Jakob von Uexküll avait ajouté une imposante pierre à l'édifice[4]. Aux travaux des premiers psychologues sur l'intelligence animale, il apportait l'idée selon laquelle tout être vivant se représentait le monde, vivait dans un monde à part entière. Ce monde perçu, vécu, détermine la façon dont on l'habite et dont on peut agir sur lui. Cela ne concerne pas seulement l'Homme, mais bien tout animal. Si l'intelligence et les cultures des primates peuvent soulever l'enthousiasme, il nous importera autant de ne pas en surévaluer la portée, un écueil sur lequel des biologistes de renom ont déjà échoué. Continuité ne signifie pas égalité. Cela signifie évolution. Et, penser l'évolution en anthropologie ne va pas sans poser de problème. Celle-ci cherchait des structures, des fonctions, des récits, et la voici démunie devant la pertinence du récit évolutionnaire, qui l'interroge sur le fait social et culturel au-delà de l'humanité sans trouver de réponse.

Avec une démarche aussi provocatrice que celle consistant à mêler l'art, la spiritualité, les sciences humaines et l'étude des primates, il nous faudra bien aborder le problème de l'universalité des arts et des religions, les décomposer en termes sociaux plus que philosophiques. Après tout, le fait d'affirmer que le religieux et l'esthétique sont universels n'explique pas la diversité des croyances ni celle des goûts d'une part, et encore moins les ressorts des relations entre les humains, leurs morts, leurs esprits, leurs animaux et leurs dieux, qui ne tombent pas du ciel, mais leur viennent de leur histoire et de leur façon de concevoir toute relation sociale. Il en va de même pour le sens de la beauté, sensée se trouver en tout esprit humain, mais qui plaît d'autant plus qu'il jouit d'une réputation, d'une valeur marchande, d'une connotation séduisante (identité, rébellion, prestige, tradition, etc.). Il en fallut du temps pour accepter l'art des autres civilisations, et encore, avec bien des malentendus.

---

[4] J. von Uexküll : *Mondes animaux et monde humain.* Paris, rééd. 1965, Denoël.

Il ne s'agit en aucun cas de s'en tenir à la position facile des biologistes ou des cyniques. Dire que l'homme possède sa propre animalité, ce n'est pas la même chose qu'affirmer qu'il est un loup, un porc, un aigle ou une machine à survivre pour se reproduire. Cela s'appelle le « réductionnisme » et pose deux problèmes majeurs. Le premier consiste à ôter tout fondement moral à l'humanité, en expliquant que les animaux sont cruels et que nous pouvons l'être aussi. Le second relève de la simple logique : si tous les animaux se confondent avec l'Homme, il n'y a plus aucune différence entre les animaux non plus. Ceci renvoie à l'autre réductionnisme, celui qui affirme que l'animal n'existe que bestial, féroce et sale, qu'il ne pense qu'à manger, à boire et forniquer. Malheureusement, tout observateur du monde animal en connaît les limites. C'est là que débute la difficulté, car il devient nécessaire de penser l'humain comme un être singulier, sans qu'il soit totalement étranger à la nature qui le compose. D'habitude, cela se résout facilement en opposant le corps et l'esprit, la nature et la culture. Mais les cultures animales, leurs techniques du corps, leur intelligence sociale et leur communication intentionnelle rendent cette opposition trop fragile. Pour parvenir à penser l'Homme moderne d'un seul tenant, il faut aborder le corps et l'esprit tous deux en continuité avec le monde animal.

Encore faut-il comparer ce qui peut l'être. En tant qu'animal politique – le célèbre *zoon politikon* d'Aristote – l'espèce humaine fait société, mais sans en avoir un type défini pour toutes les sociétés. Il peut vivre en cité comme les insectes sociaux, en bandes comme les loups, s'attacher à son territoire comme le chimpanzé, la fission-fusion comme le babouin, ou suivre les troupeaux de rennes. Les formes de coopération passent toutefois chez l'homme par le registre symbolique ; les symboles, les récits, les significations relient les membres d'un système social et assurent sa continuité. La culture produit ainsi de la société en même temps que la société produit sa culture. Si les primates coopèrent, s'ils possèdent une intelligence sociale et politique qui leur permet d'identifier les membres du groupe et leurs relations, ils ne recourent pas au symbole. Lévi-Strauss utilisait l'image d'un « big-bang symbolique » pour séparer les mondes animaux et humains. Pour autant, les récits et les symboles remplissent des fonctions sociales, et en cela, perfectionnent chez l'homme ce qui est déjà présent chez les primates non humains : l'organisation des rapports, la circulation d'informations, la coopération au sein de groupes étendus, le maintien des hiérarchies, la formation des coalitions pour des finalités particulières (chasse, accès aux femelles, défense d'un périmètre, choix des directions à prendre).

Esthétique et spiritualité recourent justement au symbole, produisent du récit structurant à l'intérieur d'un ensemble sociopolitique, décrivant à la fois les relations internes et les rapports avec l'extérieur. Un extérieur peuplé d'éléments domestiqués ou sauvages, supérieurs ou maléfiques. Un extérieur qui agit dans la société. Les castes, les communautés, la légitimité du pouvoir et la séduction des masses mettent en scène de façon esthétique une relation privilégiée avec une source extérieure de légitimité. Extérieure donc impalpable et bien plus difficile à contester. Elle peut s'appeler les ancêtres, dieu, l'histoire, la tradition, la raison d'Etat ; une croyance partagée, une idée possède une puissance symbolique à l'intérieur du système sociopolitique. Cette performance du symbole et du récit, loin d'extraire l'humanité de l'animalité, apparaît comme un prolongement des formes de coopération sans langage. Avec, de surcroît, des capacités d'empathie, d'interprétation et d'anticipation qui permettent à l'Homme de croire dans ses symboles et dans ses récits plus que dans son expérience. Aussi semble-t-il difficile d'y voir l'aboutissement de l'évolution, un dessein. Tout au plus, une spécialisation dans le calcul des stratégies sociales, qui se jouent dans ce monde de significations. Un monde mental, projeté dans le cosmos comme sur la toile.

L'écueil ethnocentrique du religieux

Universalité du religieux ?

Bien qu'il soit facile de parler des religions au sens large, l'usage universel du mot religion devient vite problématique, ne serait-ce que chez nos contemporains. Ainsi, nombre de sympathisants du bouddhisme lui préfèrent celui de philosophie, probablement tout aussi impropre, au prétexte qu'il n'y a pas de dieu dans le bouddhisme. Les hellénistes savent de leur côté que le mot n'existe pas en grec : les Athéniens pratiquaient un culte, mais pas une religion. C'est par facilité que la « religion » masque la diversité des systèmes de croyance. Certes, les monothéismes recouvrent aujourd'hui la planète, mais ce n'est pas le fait d'un triomphe de la meilleure idée sur les autres. Nullement. C'est le fait de la loi du plus fort : l'histoire, les diasporas et le développement des empires musulmans puis coloniaux expliquent cela sans peine.

Or, l'un des arguments souvent mis en avant pour définir l'homme comme le seul animal religieux, et donc un être supérieur échappant à la nature, tient justement à l'universalité du phénomène religieux. Il s'agit ici de déconstruire quelque peu ce présupposé. S'il s'agit d'attribuer l'étiquette de religion à toute forme de croyance dans un raisonnement à l'emporte-pièce, pourrait-on au moins savoir de quelle croyance il est question ? Les croyances antiques que les Pères de l'Eglise ont reléguées en vrac dans la catégorie « paganisme » seraient-elles redevenues des religions à part entière ? L'animisme sibérien ou amazonien est-il une religion ? Que faire du totémisme aborigène ? De fait, plus le mot religion limite sa définition aux systèmes de croyances en des êtres supérieurs communs à toute l'humanité, et moins il désigne quoi que ce soit qui ressemble vraiment à cela.

A la suite des Pères de l'Eglise, comme Lactance (250-325 environ), le christianisme s'est plu à rattacher deux étymologies constitutives de la religion, mot inspiré de *religare* (relier) et de *relegere* (recueillir, signalé par Cicéron). Religion signifierait que la religion relie dans une réflexion, une ferveur inquiète. Au Ve s, *religio* désigne la profession religieuse, et non un phénomène universel. Cela indique plutôt que la langue reconnaît une division des institutions humaines, mais une division qui n'isole pas le sacré du social. Cette dimension sociale du sacré et du religieux tient une place de choix sur laquelle il nous faudra revenir. Restons-en pour le moment au sens des mots.

Ainsi, l'usage habituel confond le sacré, le religieux, la foi et la croyance. Pourtant, la chose sacrée peut désigner la personne politique ou le lieu public. Il en allait ainsi à Rome où le tribun de la Plèbe était sacré, ce qui signifiait qu'on ne pouvait s'en prendre à lui au risque d'être voué aux enfers. Hommes et espaces sacrés de l'Antiquité ne sont pas divins, mais protégés de façon absolue dans le cadre de cultes civiques. Les citoyens protègent ainsi ce qu'ils ont de commun en brandissant la menace ultime de châtiments supérieurs. De même, le sacré des Grecs se décline sous trois formes : *hiéron* (le culte, les victimes sacrificielles et l'officiant) ; *hosion* (le comportement adéquat) et *hagion* (rites, offrandes et lieux de culte). Rome et Athènes ne connaissent que l'impiété des actes profanateurs de ce sacré, mais pas la foi ni le Salut sous-entendus par l'usage commun du mot religion. Celui-ci se vide de sa substance en s'étendant au paganisme, tout simplement parce qu'il a été forgé pour éliminer les paganismes, une pluralité de cultes polythéistes incompatibles avec des monothéismes fondés sur des révélations, une promesse de Salut, des clergés distincts et la foi.

Autant de thématiques qui ont poussé les anthropologues à imaginer une évolution des mentalités primitives (devenues des proto-religions) vers des religions constituées ; tels étaient les projets de Tylor, Frazer ou Lévy-Bruhl. De la magie, du totémisme ou de l'animisme, les mentalités primitives avaient abouti aux polythéismes puis aux monothéismes à grands coups de progrès civilisationnels et mentaux. Un raisonnement parfaitement arbitraire sur le plan scientifique, qui accepte comme préalable la supériorité des monothéismes et l'antériorité de la magie sur la religion. A ce propos, l'une des critiques que Montesquieu portait justement à ce que la magie la plus aberrante entoure les dogmes catholiques[5]. Enfin, Alain Testart a bien montré que les rapprochements entre populations présentes et passées sous prétexte de quelques ressemblances transhistoriques n'avaient rien de scientifique. Ce n'est pas parce qu'il y a des nomades aujourd'hui, que les nomades de la préhistoire leur ressemblaient forcément. La simplicité technologique ne signifie aucunement la simplicité des sociétés, ni même que celles-ci se ressemblent entre elles.

On le voit, les présupposés ethnocentriques du fait religieux empêchent d'en cerner véritablement le contenu. Si universalité de l'existence de croyances et de cultes il y a, ceux-ci demeurent bien éloignés des traditions monothéistes et de leurs dogmes. Cet ethnocentrisme reste lié à l'ambition universelle du christianisme et de l'islam, mais cette conviction ne peut être reprise dans un cadre comparatiste anthropologique.

A contrario, les sciences cognitives se sont penchées sur les phénomènes de croyance avec, comme double objectif, de les replacer dans un cadre évolutionnaire d'une part, et de rendre compte de leur universalité d'autre part. Cela signifie que les cognitivistes auront tendance à donner du sens, voire une utilité évolutive ou un héritage, et une assise biologique au phénomène de la croyance. Aussi, Stewart Guthrie a-t-il avancé l'idée selon laquelle les dieux possédaient toujours des aspects anthropomorphes, conformément à une architecture cérébrale qui nous pousserait à nous retrouver nous-mêmes dans la nature, comme un miroir. Si fascinante soit-elle, la personne humaine ne déteint pas complètement sur la nature : les formes exceptionnelles

---

[5] « Ce que je dis de ce prince ne doit pas t'étonner: il y a un autre magicien plus fort que lui, qui n'est pas moins maître de son esprit qu'il l'est lui-même de celui des autres. Ce magicien s'appelle le pape: tantôt il lui fait croire que trois ne sont qu'un; que le pain qu'on mange n'est pas du pain, ou que le vin qu'on boit n'est pas du vin, et mille autres choses de cette espèce » *Lettres persanes*. Lettre XXIV, 1721.

et les transgressions divines échappent souvent à l'anthropomorphisme, ne serait-ce que par l'immortalité, l'ubiquité ou des aspects non humains[6].

Ceci étant, concédons à Guthrie non pas la forme humaine du corps divin, mais l'idée selon laquelle nous cherchons des intentions, une disposition d'esprit et plus généralement une intelligence non humaine parmi les génies ou les divinités. Justin Barett a rapproché le besoin d'interprétations surnaturelles d'une logique évolutive ; celle de la détection des prédateurs. Tout puissant et susceptible de surgir à l'improviste dans notre vie, le prédateur a suscité l'apparition des intuitions de détection chez ses proies. Etant à la fois chasseur et victime, l'humanité aurait transféré ces qualités de détection d'agents vers le monde spirituel. Pascal Boyer s'est servi des travaux de Guthrie, Atran et Barett pour montrer que la croyance religieuse se fondait sur une disposition naturelle de l'esprit à construire des divinités, ces agents dotés d'intentions avec lesquels il faut entretenir un partenariat individuel ou collectif[7].

Vouloir entrer dans l'universalité du religieux, c'est aussi quitter le contenu des croyances qui nous semblent les plus évidentes, s'aventurer vers un détachement plus prononcé encore que celui des anthropologues cognitivistes, qui restent dans le cadre de projections personnalisées telles que les dieux, les esprits ou les génies.

---

[6] Stewart Guthrie : "Anthropomorphism ; a definition and a theory" in L.-W. Miles : *Anthropomorphism, anecdotes and animals*. New-York University Press, 1997 : 50-58.
[7] Pascal Boyer : *Et L'homme créa les dieux*, Paris, Gallimard, 2001, p 203 et p234.

Hors des dieux, la complexité des agents

Troeltsch avait identifié trois variantes typologiques des phénomènes religieux : le type église, le type culte et le type mystique. La où la première entend former « culture chrétienne homogène » *(Einheitskultur)*, la deuxième forme religieuse joue soit en marge de la société, soit contre l'institution ecclésiastique. La troisième forme se recroqueville sur un « individualisme radical » à la Hildegarde de Bingen, de sorte que s'établit une communication intime de soi avec le divin. De fait, on trouve une assez grande diversité des faits religieux. A cette vision monothéiste de Troeltsch, ajoutons les polythéismes et leur faculté à remplir le monde d'esprits, d'intercesseurs et même de concepts ayant une vie propre.

Ne serait-ce qu'à Rome, les dieux ne remplissaient pas le monde à eux seuls, ni même les lares, le *Numen* de l'empereur divinisé ou le culte de Rome. Les Romains se référaient également aux abstractions divinisées telles que la Fortune, la Vertu, l'Honneur, la Victoire ou la Concorde. Les armées stationnées en Bretagne ou sur le limes rhénan par exemple (Mayence) leur vouaient des dédicaces et invoquaient leur bienveillance. De même, les monnaies impériales se sont-elles souvent référées à une triade apparemment logique : *Pius*, *Felix*, *Victor*. Le principe, assez simple, tient à ce que si l'empereur fait preuve de piété, il est heureux à la guerre et donc victorieux de ses ennemis. Ironie du sort, il est arrivé qu'un général romain soit proclamé empereur par ses hommes, puis assassiné par ses propres troupes au motif que sa valeur personnelle ne convenait pas vraiment au titre (Trébonien Galle par exemple, en 253).

Marcel Detienne rappelle que, pour ce qui est de la Grèce, les Muses embrassent à la fois le poète et le prêtre : la parole rythmée (*moûsa*) et la puissance religieuse (Moûsa) se rejoignent dans des homonymes. Il en va de même pour *métis* et Métis, *thémis* et

Thémis[8]. Les noms même des Muses de l'époque archaïque dérivent du langage courant : Mnémè (mémoire), Clio (gloire), Mélétè (concentration), Aoidé (poème achevé). A force de trop vouloir voir des divinités partout, on en oublie la sacralisation de valeurs ou de vertus, c'est-à-dire la sanctuarisation de principes sociaux, culturels et politiques. Les cultes civiques de l'antiquité montrent plusieurs éléments à ne pas négliger. Le premier de ces éléments réside dans l'absence de séparation entre le religieux et le politique : Etat, culte, citoyenneté et rite ne faisaient qu'un. L'impiété excluait de la communauté civique. Le second tient à cette tendance à vouloir prêter des intentions non seulement à des êtres identifiés tels que des dieux, mais aussi à des idées.

De l'autre côté de l'Atlantique et dans un cadre plus dépaysant, Gary Urton distingue la vision platonicienne des nombres, détachée du réel, de celle des mathématiques chez les Incas[9]. Chaque nombre symbolise des relations sociales et possède une vie propre ; chaque opération algébrique consisterait à rectifier un équilibre rompu entre ses différents membres. Opérer des transformations arithmétiques revient à désorganiser ou à remettre en ordre ces personnages, relier des objets et des êtres. En comptant sur les doigts, on symbolise les rapports entre la mère (représentée par le pouce) et ses quatre enfants (de l'index à l'auriculaire). D'autre part, chaque chiffre possède sa symbolique, comme le deux qui évoque le canard. Urton précise que le sens de ces symboles varie selon que l'on soit un homme ou une femme, la grille de lecture diffère selon l'initiation, donc selon le genre de la personne.

Au-dehors de la culture historique classique, les anthropologues ont tôt fait de s'emparer des croyances animiques. Vues dans un premier temps comme des survivances archaïques, ces conceptions du monde restent généralement définies comme des systèmes religieux. Abusivement, on les appelle parfois « chamanisme »,

---

[8] Marcel Detienne : *Les Maîtres de vérité dans la Grèce archaïque*. Paris, La découverte, 2e éd., 1990.

[9] Gary Urton : *The Social life of numbers, A quechua ontology of numbers and philosophy of arithmetic,* University of Texas Press, 1997.

bien que le rôle et l'importance du chamane dans une société puissent varier considérablement, et qu'on ne puisse pas identifier un système qui soit centré sur la place du chamane. L'animisme possède toutefois une répartition géographique qui l'identifie avec les milieux vides d'Hommes : les régions circumpolaires (Inuit, Toungouses, Sâmes, Tchètches), et les régions amazoniennes (Jivaros, Tukanos).

Redéfinies par Philippe Descola, les populations animistes partent du principe que tout ce qui existe pense[10]. Les principes moteurs, la volonté, la perception, la sensibilité ou le sens moral se trouvent aussi chez les animaux, les plantes. Souvent, les choses elles-mêmes sont dotées d'une volonté propre et d'une force vitale intérieure, que nous avons coutume d'appeler l'âme. L'animisme embrasse tout ce qui se meut (*anima*), mais aussi tout ce qui pousse ou tout ce qui est. Pour les toungouses, même les ombres sont vivantes. Chez les Indiens Cri de la baie de Saint-James, les vents sont des personnes. Les personnes-vents possèdent des caractères différents ; Oabenshu – le vent d'Est – serait le vent le plus mesquin ; Chuetenshu – le vent du Nord – le plus généreux ; et Souenshu – le vent du Sud – peut se montrer avare de ses animaux ou à d'autres moments, faire preuve de générosité à l'égard des chasseurs de la baie Saint James[11]. Ces vents ne sont pas des dieux, mais des personnages peuplant le monde vécu des Indiens, des agents ambivalents, ni trop protecteurs des animaux, ni complètement les alliés du chasseur. Il appartient à ces derniers de prendre garde aux messages et aux signes annonciateurs de leurs intentions.

Aussi, l'animisme échappe-t-il au sens commun de la religion en tant qu'activité sectorisée, distincte du quotidien : il n'a ni collège sacerdotal, ni église, ni forcément de dieu à proprement parler. Il traite avec le monde, négocie, agit en diplomate et établit

---

[10] Philippe Descola : *Par-delà nature et culture.* Paris, 2005, Gallimard. &: *Les Lances du crépuscule : relations jivaros, haute-amazonie.* Paris, 1993, Plon.

[11] Harvey Feit :« Les Animaux comme partenaires de chasse : réciprocité chez les Cris de la baie James », *Terrain* n° 34, 2000 : 123-142.

un système de réciprocité entre humains et non-Humains. Il embrasse tout dans un jeu social que les anthropologues dits « constructionnistes » intitulent un collectif hybride. Non que les relations sociales soient exactement les mêmes, car si les chasseurs cueilleurs s'adressent aux animaux et craignent la colère des seigneurs de leur espèce (on parle des maîtres des animaux, comme Kabe Kandal, maître des orangs-outans chez les Dayaks de Bornéo), ces relations ne peuvent matériellement pas être les mêmes. Ainsi, chez les Jivaros ou *Shuars* de Haute-Amazonie, on utilise le même mot pour désigner le beau-frère et le pécari, c'est-à-dire une proie. D'autre part, les chasseurs adressent un *anent*, une forme d'imprécation destinée à ce que la proie se laisse abattre et certaines parlent d'une maîtresse adultérine *Tsunki*, parfois très jalouse, habitant le monde aquatique[12]. Ce n'est pas pour autant que la *Tsunki* donnera des enfants à ce chasseur ni qu'il épousera une femelle pécari, évidemment. Mais c'est en tant qu'êtres sociaux que l'animisme conçoit les animaux, les arbres, les vents, les ombres, etc.

Ces faits religieux mettent en évidence le fait que notre conception de la religion ne se réduit pas aux traditions monothéistes ni aux croyances en des formes transcendantes. Ils montrent également cette tendance à créer du social en dehors de la sphère sociale proprement dite. Simple anthropomorphisme ? Nous le verrons plus tard, car une autre forme de relation exige, en tant que personnage peut-être, de se présenter : celle qui unit les morts aux vivants, les défunts à leurs familles respectives, les ancêtres à leur clan. Penser la spiritualité ne peut donc se faire en dehors d'un système de relations, et par conséquent, de l'attribution d'une volonté à tous ces agents qui peuplent notre monde vécu. On retrouvera des contraintes similaires au sujet des arts. Les normes, les supports à l'identification collective, mais aussi la présence des dieux, des morts et des héros des univers mythologiques qui prennent vie et matière dans l'art. Ce faisant, l'esthétique se lance dans un rapport de force animal entre les puissances du cosmos et des vertus humaines. Entre la géométrie qui confère à l'Homme le

---

[12] Philippe Descola : *Nature domestique. Symbolisme et praxis dans l'écologie des Achuar*, Ed. MSH, 1986.

langage du monde, et l'effroi face à des forces qui lui échappent, surgit une autre question ; celle d'une éthologie des rapports entre Humains et non-Humains. Non seulement dans le rapport de force avec des choses considérées somme des êtres, tels que la mer, le roi ou la vertu, mais également dans les attitudes corporelles et l'acharnement à comprendre les intentions de ces agents.

Le Zeus grec, le Kabe Kandal dayak, le nombre maya, la *Salomé* de Klimt, Martin Luther ou Jackson Pollock se traitent linguistiquement de façon similaire, comme des individus. A cette individualisation, à cette agentivité des dieux, des choses socialisées ou des morts, correspond une attitude bien présente, une signification sociale et un positionnement tout à fait réels. On ne dit pas « selon les Grecs morts depuis 2500 ans, le dieu Zeus courait les jolies filles ». On dit : « Zeus séduisait les jolies filles ». Même dénuée de croyance véritable, la répétition du propos entretient le mythe. Et si on ne le dit pas, on le peint ou on le chante. J'ai beau ne pas croire au mythe d'Orphée, j'aime l'*Orfeo* de Monteverdi. Il se révèle présent et agissant de façon fictionnelle, mais il le fait quand même. La performativité du récit se dispense de l'existence réelle des personnages. Celle ne possède strictement aucune importance. Ce qui importe, et ce qui n'est a priori pas très rationnel, c'est que le sens donné par le récit ou par l'œuvre soit partagé, qu'il corresponde à une conception de ce que doivent être un acteur social ou un groupe. Le procédé n'a rien de neuf. Il lui faut un héro, une adversité – mieux, une trahison – un duel épique et le triomphe du bien à la fin dans le cas du cinéma le plus convenu qui soit. Le sens du récit correspond aux attentes déjà existantes du public, et conduit à la répétition du même récit sous des couleurs légèrement différentes.

Universalité et typicité des arts

Universalité de l'objet, typicité des œuvres

Aussi libre et inventif que puisse paraître un art, le voici toujours étiqueté, identifié par une géographie, par une époque, par un style propre. Même identifié à une civilisation, tout art se voit encore découpé en tranches, subdivisé, rattaché à un courant particulier. Il ne lui suffit pas d'être gothique, encore faut-il préciser s'il est classique, rayonnant ou flamboyant, normand, angevin, méridional, rhénan ou horizontal, *Sondergotik* ou *Mudéjar*. Universel et libre, l'acte de création artistique se retrouve partout dans les fers. Classé en catégories, identifié en mouvances, l'art subit un étrange mais fréquent traitement. Il devient un sujet grammatical, un sujet social. L'art agit. Il constitue même la trace majeure d'une société disparue. Que sait-on d'une civilisation morte si ce n'est par ses arts ? Ses temples, statues, fresques, mosaïques, chants, poésies et spectacles témoignent, captent une sorte d'essence, d'esprit du temps. On peut le redéployer à la mesure de son contexte, on le fait souvent pour les œuvres de la Renaissance. L'*Ecole d'Athènes* de Raphaël renvoie à la géométrisation de la peinture, au retour d'une culture grecque, au symbolisme des formes, au néo-platonisme de Marsile Ficin, au thème de la transposition historique des personnages (les visages de Léonard de Vinci et Michel-Ange remplacent ceux de Platon et Héraclite). Dans ses *Essais d'iconologie*, Panofsky exploitait justement la collusion entre le néoplatonisme florentin et les préoccupations esthétiques de Michel-Ange[13].

L'art de l'islam se reconnaît souvent à l'absence des visages, des figures. Le rejet des idoles par le Coran se complète d'une interdiction de la représentation figurative dans les Hadiths. On peut y voir l'écho de l'iconoclasme byzantin, tout comme celui du

---

[13] Erwin Panofsky : *Essais d'iconologie*, Thèmes humanistes dans l'art de la Renaissance Paris, Gallimard, 1967, p35.

Deutéronome et de l'exode qui bannissaient les images au nom d'un monothéisme intransigeant. Cela n'empêchait pas les sultans de commander leur portrait en secret, mais a contraint le développement d'un style immédiatement reconnaissable à ses formes géométriques qui remplissent le vide ainsi créé. L'octogone s'y déploie comme autant de modules de construction d'arabesques. Une des magies de cet art très abstrait, vient de ce qu'il peut à la fois servir de décor fonctionnel comme le *moucharabieh*, mais aussi de ce qu'il peut fasciner par ses évocations ésotériques. Des arbres violets et rouges forment des paysages irréels, des constructions iconographiques en spirale stimulent l'imagination de ceux qui les repèrent. Toute perception travaille différemment les esprits, autant qu'il fait resurgir les appartenances multiples de celui qui regarde, quitte à créer du conflit entre elles et provoquer une remise en cause de soi.

Cette prise en compte de la subjectivité de l'observateur, ce *Lector in fabula* pour reprendre Umberto Eco prend toute sa place dans un système individualiste. Si l'on joue toujours avec l'impression produite sur autrui, la tradition et la norme s'imposent bien davantage quant au côté public de l'art. Il y a bien le convenable et l'outrecuidant, ce qui s'exhibe et ce qui se suggère. Aussi, aborder l'art pour l'art ne peut être notre objet. C'est un art dirigé, contraint dans son expression et serviteur de sa cité qui fut celui des sociétés anciennes. On sait par Pline l'ancien et Athénée que Praxitèle prit Phryné comme modèle pour sculpter le corps d'Aphrodite, que ceci lui valut de comparaître devant l'Aréopage pour impiété, et qu'elle dut subir l'humiliation de se retrouver nue devant une assistance de vieux hommes pour sauver sa vie. Eut-elle été laide qu'ils l'eurent condamnée ?

Toujours est-il que si sa beauté inspira des artistes tels que Gérôme, Saint-Saëns, Baudelaire, Rilke ou Gounod vingt-trois siècles après sa mort, c'est le poids des conventions de l'époque qui eut raison des envolées artistiques de Praxitèle inspirées par le corps divin de la belle hétaïre.

Cela n'a pas empêché la Grèce de fournir des codes artistiques exploités jusqu'à nos jours. Robert Ducher en livre les principaux éléments dans sa *Caractéristique des styles*. D'un autre côté, plus on cherche à structurer et identifier un style, et plus on trouve d'œuvres qui se dérobent à la typologie, plus il y a d'exceptions, d'œuvres composites, divergentes. En effet, plus la règle possède une dimension impérative et générale, plus elle devient tautologique et doit souffrir des exceptions. Du classement de Jérôme Bosch, au statut de précurseur de Giotto en passant par l'émergence de l'art dit « premier » ou « brut », les impératifs de classification et d'ordonnancement relèvent plus souvent du performatif que de l'état de fait.

Ci gît l'immense problème de la théorisation des faits singuliers. Cela n'empêche pas théoriciens, critiques et esthètes d'énoncer des règles canoniques quant à ce qui doit se faire, ou d'établir un code stylistique, ce que Kroeber désignait sous le terme de *pattern*, et que Meyer Shapiro critiquait dans *Style, artiste et société*. Le même Shapiro remarque ainsi que le lien habituel entre une vision du monde et un style ne coule pas de source[14]. Il cite par exemple les *Livres carolins* à propos de la difficulté à distinguer la Vierge de Vénus. Les époques, les contenus, les allusions par exemple. Tout les distingue pourtant.

Les éléments typiques des arts, les formes canoniques, les modes, les contre-cultures, les styles, les traditions possèdent leurs thuriféraires. D'authentiques visions du monde s'affrontent ainsi dans la représentation artistique. Une imitation imparfaite d'une image imparfaite du monde, et voici que seules les idées mériteraient de figurer en tant qu'art. Pour Platon, nulle *mimésis*, nulle imitation. Seule la perfection géométrique entre dans le domaine de l'art. On connaît le souverain mépris de Platon pour ces imitateurs d'artistes dans la *République*. Moins radicaux, Théon de Smyrne et Pythagore n'en affirment pas moins la nécessité de l'harmonie et des rapports mathématiques en vue de créer de la beauté[15]. Les Egyptiens partaient d'un cadre proportionnel extérieur au corps représenté, lequel devait s'insérer dans un maillage préconçu. Un sphinx se composait ainsi avec à la fois un quadrillage de proportions humaines pour le visage, juxtaposé de façon autonome à un maillage correspondant à son

---

[14] Shapiro Meyr : Style, *artiste et société* , Paris, Gallimard, 1990, p 70.

[15] Umberto Eco : *Histoire de la beauté*, Paris, Flammarion, 2004.

corps léonin et à un troisième correspondant à la petite déesse, ainsi que le rappelle Panofski[16].

Au contraire, le *Kanon* de Polyclète prévoit une correspondance entre les différentes parties du corps représenté. Forme et cosmos, unis dans la mesure. Un ensemble de fractions relient l'ensemble de son *Doryphore* à ses parties. Il en va de même chez Vitruve, pour qui le visage et la main doivent correspondre à 1/10e du corps, par exemple. A la renaissance, ces proportions auraient même acquis une dimension métaphysique. Géométrie, rythme, respiration du monde se retrouvent pareillement dans les planches de Franchino Gaffurio représentant les expériences de Pythagore (*Theoria Musicae*, 1492), celles de Léonard de Vinci et Dürer sur la symétrie du corps humain (1591), et, pourquoi pas, jusqu'à Piet Mondrian ou à Kandinsky.

Inversement, le jugement sur le beau ou le sublime peuvent prendre le contre-pied des traditions de proportionnalité, qu'elle imite la nature ou qu'elle renvoie au symbolisme. Dans sa *Recherche philosophique sur l'origine de nos idées du sublime et du beau*, Edmund Burke s'insurge contre le cadre étriqué de la géométrie. De la grâce, de la finesse, de l'élégance, c'est en cela que réside le beau. Le sublime, quant à lui ne peut se réduire au représenté, il appelle un dépassement, par la terreur s'il le faut, mais un dépassement. Ce point renvoie aux exemples qu'en donne Kant. Là où l'immensité et la puissance du monde menacent nos sens, là où les forces de la nature font plier la nôtre - de nature -, là réside le sublime d'un dépassement encore plus grand : celui de la grandeur morale. Avec Hegel, Schiller ou Brentano, ils abandonnent la géométrie normative pour un rapport de force entre le monde sensible et celui de l'idée. Non que ce soit très original depuis Platon, mais que la volonté de décrire ce que doit être le beau renvoie avant tout à la normalisation de la pensée d'autrui par des concepts abstraits. Des concepts ayant une force de conviction impressionnante, mais qui possèdent aussi un fort pouvoir d'identification.

---

[16] Erwin Panofsky : *L'Œuvre d'art et ses significations*, Paris, Gallimard, 1969, p 63.

Esthétique de l'ethnicité

L'art suppose une appartenance. La typicité des formes d'art, la normalisation du beau et les traditions esthétiques, font que l'expression artistique permette de s'identifier à un groupe, à une communauté. L'art fait partie du folklore. D'essentialisé en catégories et styles, l'art sert aussi à se reconnaître comme une catégorie humaine essentialisée. L'esprit des peuples se déverserait sur les toiles, murs, partitions et pierres.

Dans le cas aborigène, l'art du bush est devenu urbain. Si l'écorce typique de la terre d'Arnhem conserve son exotisme primitif, l'artiste, lui revendique, milite et manifeste. D'inclassable dans les années 1950-1970, il passe dès les années 1980 à l'expression identitaire collective. Les collectifs Proppanow et Boomalli l'affirment par l'intermédiaire de Richard Bell : « l'art aborigène enrichit les blancs ». A la provocation s'ajoute la rencontre des militantismes ethniques et féministes, comme dans le collectif Utopia, dont fait partie Kathleen Petyarre. Sa peinture s'inspire d'un monde nomade, où le peintre était aussi conteur et cartographe, en y ajoutant la légèreté et son expérience du travail sur le batik indonésien. Le renouveau de l'art aborigène ajoute ainsi les techniques exogènes à l'héritage traditionnel pour toucher d'autres publics. L'annihilation des noirs, une photographie de Fiona Foley dénonce les pendaisons collectives auxquelles se livrèrent les autorités coloniales. C'est par la danse que la *National Aboriginal and Islander Skills Developpment Association* (NAISDA) entend chorégraphier les problématiques identitaires aborigènes.

Revendicateur, Jean-michel Basquiat le fut tout autant, avec des œuvres telles que *Cassius Clay*, le *Pape noir*, *Black Powder*, ou *Histoire du Peuple Noir*, autant de « frères » noirs disparus puis tagués en version multicolore. Renversant le stigmate de la minorité opprimée, il déclarait vouloir prendre le contre-pied d'un Picasso « venu à l'art primitif pour redonner ses lettres de noblesse à l'art occidental » pour « donner ses lettres de noblesse à l'art dit primitif ». D'Ousmane Sow, on retient souvent le regard énigmatique de ses sages guerriers masaï, peuhls ou zoulous. Hommes marginalisés par l'histoire, l'esthétisme des sculptures de

Sow leur rend une dignité de modèles à suivre ; des corps-murailles qui regardent vers l'infini, explorent la psychologie du spectateur comme s'ils étaient vivants, proche de ce que Sédar Senghor appelait le « *jom* », à la fois intégrité morale et dignité sociale.

C'est encore des mages, des animaux fantastiques, des rois et des figures ancestrales que Mickaël Bethe Sélassié modèle. Résolument tourné vers ses racines africaines, il semble exprimer la contemporanéïté de l'identité africaine dans la modernité du monde. Son *Fétiche* ou sa *Sentinelle* bariolés de couleurs criardes empruntent une thématique traditionaliste, identitaire, et l'adaptent à l'esprit du temps. Dans la même veine, Primitive *Rock'n'Roll* de Robert Combas, *Le Chef* de Samuel Fosso croisent l'enfantin, la provocation, l'identité et l'exagération dans des œuvres critiques de la domination sociale et ethnique. Enfin, quoi de plus éloquent que les monochromes noirs du togolais Kisito Assangni, où le carton ondulé renvoie à la fragilité de tout jugement sur la noirceur. Enfin, Orlan allie elle aussi la double problématique du corps féminin et l'identité. Ses portraits de self-hybridation en *femme surmas avec labrets et eurostéphanoise avec bigoudis*, ou de *masque de danse Pwewo et visage de femme euroforésienne* jouent à la fois de l'identité et de sa critique, trichant par l'hybridation d'une part et reprenant les stéréotypes d'autre part.

Identitaire, l'art du tatouage semble l'avoir toujours été. La décoration du corps varie considérablement, que l'on se trouve chez les Haidas d'Amérique du Nord, les Dayaks de Bornéo ou les Maoris de Nouvelle-Zélande. Le tatouage marque les corps de leur propre passé, de leur statut, indique le genre et les appartenances diverses de celui qui les porte. En Nouvelle-Zélande, La tradition du *moko* des guerriers Maoris, avait pour fonction première d'effrayer l'ennemi avant la bataille. Par la suite, les marques au charbon devinrent un tatouage permanent. La teinture des visages procède d'abord par incision et forme des mouvements circulaires. On indique le statut social sur le front, et l'ensemble des identités et appartenances sur le reste du corps.

La géographie corporelle des tatouages dépend du sexe ; on tatoue le tour des lèvres et entre les épaules des femmes et non tout le corps, l'avant bras et le dessus des chevilles sont tatouées à l'occasion de la naissance du premier enfant. L'homme dayak se fait tatouer tout le corps, sur les épaules on retrouve soit un scorpion, soit une fleur en guise de porte-bonheur. Les tatouages que portent les guerriers dayaks racontent leur origine, leur rang, leur courage et leurs conquêtes. L'une des figures les plus connues et les plus reprises au-dehors demeure la fleur de concombre (*bunga terung)* , qui sert souvent de porte-bonheur. Enfin, l'art pictural haïda se retrouve lui aussi sur les corps masculins, avec ses figures reconnaissables d'êtres imbriqués dans les autres et sa géométrie à la fois courbe et symétrique si particulière.

A ces arts graphiques s'ajoute inévitablement l'identification d'un groupe à des sonorités et à des rythmes qui renvoient tantôt à des origines, tantôt à un clivage générationnel ou géographique. En attendant que le *Rythm and Blues* soit écouté par un public de Blancs, la ségrégation raciale en vigueur aux Etats-unis produisait une ségrégation musicale. Mais, dès lors que la rythmique et les accords du blues et les instruments du jazz prennent le tempo et le rythme binaire de la *Country*, il ne manque plus qu'un interprète blanc pour faire du Rock'n'Roll une musique mondiale. Laquelle se décline à nouveau en variétés régionales très rapidement. Il devient *Rock* en prenant racine en Angleterre avec la constitution des Stones et des Beatles, puis éclate au fil du temps en d'innombrables styles. Qu'y a-t-il aujourd'hui de commun au métal allemand d'Einstürzende Neunbauten, aux Pink Floyd aux diverses mouvances post-punk, au blues rock de Fleetwood Mac et à Bruce Springsteen ? Des « yéyés » au « *Kölschrock* » en passant par le *grunge*, chacun marque une identité singulière, une historicité des morceaux, des instruments et des arrangements musicaux. Une identité générationnelle aussi, entre fans des sixties, des seventies, eighties, puis leurs enfants. Le *Born in the USA* de Springsteen marque à cet égard différents degrés dans le jeu identificatoire. Fierté, ironie, revendication et critique du modèle américain s'y retrouvent, permettant des interprétations aussi variables que les auditeurs.

A contrario, les mouvements *Rock* gardent l'image de musiques diaboliques parmi les anti-modernes, qui se retranchent sur des positions traditionalistes et ethniques. Retour au folklore régional, avec toute la contradiction que pose un retour aux sources ou une négation de l'histoire. La tradition aussi, change.

Les cas de figure qui précèdent jouent des identités autant que des rapports de force qui traversent une société, entre générations, sexes et classes sociales. Arts et esthétique possèdent en commun cette force d'identification et en forment le récit. Mais le goût, comme les privilèges, distinguent les élites de la plèbe. L'art se met au service de la domination d'une aristocratie, qui se légitime elle-même par le dialogue avec les puissances qui dirigent le monde. Aussi, art et spiritualité symbolisent-ils conjointement les hiérarchies. Les sculptures, la poésie, l'architecture rendent compte de cette interdépendance entre le pouvoir, les dieux, les morts et les vertus. Des religions civiques aux monarques absolus, il faut aussi penser la pluralité des identités et des échelles du pouvoir, où s'infiltrent des groupes plus restreints d'intermédiaires : les officiants. Regroupés en castes ou issus de l'aristocratie, les serviteurs du culte contrôlent le langage des dieux, et ne le traduisent pas contre leurs intérêts.

La religion comme politique

La source ultime de légitimité ?

L'ascendance divine, le message divin ou la compagnie des dieux permettent de couper court à la concurrence pour le pouvoir. En tout cas, l'espoir est permis. La phraséologie des souverains absolus sert avant tout à établir la légitimité de leur pouvoir, parfois même l'infaillibilité de leurs décisions. Bien entendu, les méthodes pour se rattacher, soi et sa lignée, aux dieux ou à d'autres agents varient. L'un des grands classiques du genre consistait à faire remonter sa propre famille à une époque antédiluvienne. En Mésopotamie, deux systèmes de numération servaient à compter : l'un dénombrait les choses réelles, il était utilisé dans les textes mathématiques et fonctionnait par positionnement de deux signes seulement : le clou (1) et le chevron (10). L'autre système de numération est appelé « système S » par les assyriologues. Ce « système S » a permis d'établir la « Liste royale sumérienne », une chronologie des souverains antédiluviens de Sumer. Les durées singulières de ces règnes établissaient leur légitimité par une ancienneté assez extravagante de l'ordre de dizaines, voire de centaines de milliers d'années (allant jusqu'à pas moins de 216.000 ans de règne)[17].

En Mésopotamie, toujours, apparaît la représentation du souverain en exercice avec les dieux locaux. Ur-Namu, roi de sa cité-Etat éponyme d'Ur sur les bords de l'Euphrate, se faisait-il remettre les attributs du pouvoir par Nanna, dieu de la lune. Une tablette d'argile lui attribue l'origine divine du pouvoir et de sa législation par la grâce d'Uta, dieu du soleil et de la justice (vers

[17] Christine Proust : « La multiplication babylonienne : la part non écrite du calcul » In *Revue d'histoire des mathématiques* 6, 2001 : 1001-1011.

2100 avant J.-C.). Suivant la même logique, le code d'Hammourabi montre-t-il le souverain en compagnie de Samash, « grand juge du Ciel et de la Terre » surplombant les quelques 282 articles du roi législateur de Babylone. Hammourabi ne manque pas de préciser dans son prologue, qu'il tient lui aussi son pouvoir d'Enlil, dieu de la royauté. Le voisinage et le parrainage officiel du souverain s'étalaient également sur les pièces de monnaie de l'Empire romain et dans les titulatures impériales. L'empereur se voyait ainsi gratifié d'ami des dieux (*amici dei*), de compagnon des dieux (*comes dei*) ou de divin Auguste (*divi Augusti*), quand il ne se parait pas directement des vêtements des dieux (la peau du lion de Némée revêtue habituellement par Hercule) ou n'empruntait pas son nom à l'un d'eux, ainsi que le fit Dioclétien en 286. A cette époque, Rome comptait deux empereurs ; Dioclétien-Jupiter (ou *Jovius*) et Maximien-Hercule. Fils de dieu, ami des dieux et dieu lui-même. Le pouvoir absolu ne peut être que dynastique ou pris de force grâce au rôle croissant de l'armée. Bien entendu, l'usurpateur arrivé par la force ou par la corruption des troupes prétoriennes avait tendance à reprendre le nom d'un monarque précédent. C'est ce que fit Septime Sévère en se proclamant fils adoptif du divin Marc Aurèle en 198 (soit 18 ans après la mort de celui-ci).

A Rome comme en Egypte, le monarque tire son pouvoir du divin. Divinisé à sa mort puis de son vivant, l'Empereur fait l'objet d'un culte civique inauguré sous Auguste avec par exemple l'autel de Narbonne destiné à recevoir les sacrifices en l'honneur de son *Numen*. Dans un contexte fort différent, ne serait-ce que parce qu'il n'avait pas à feindre la souveraineté d'un Sénat ni d'un peuple, le roi d'Egypte possédait lui aussi une titulature écrasante : le fils charnel de Rê, successeur légitime d'Horus dont il portait le nom dès l'époque thinite (3150-2700 av. J.-C.). L'immortalité du pharaon garantit la continuité dynastique et celle de l'Etat[18]. Le culte du souverain mort divinisé, sous la forme d'offrandes faites par son héritier, établit la filiation entre le pharaon et les dieux. La légitimité des décisions monarchiques ne peut alors être remise en cause sans risquer le sacrilège ou l'impiété. Cette instrumentalisation du registre cultuel ou religieux montre sa

[18] Dominique Valbelle : *Histoire de l'État pharaonique*, Paris, PUF, 2000.

puissance politique, non qu'il soit récupéré par la fonction politique, mais qu'il soit l'argument ultime de la légitimité, en même temps qu'il identifie clairement ses fidèles lors du rite. Plus le pouvoir se démarque et tente de se mettre hors de portée de ses rivaux, et plus il a besoin de cette légitimité ultime. Le cas français des monarques absolus de droit divin ne montre pas que l'histoire se répète, mais que les ambitions nécessitent les mêmes rouages et les mêmes ficelles : Louis XIV, roi soleil sans égal (*Nec pluribus impar*) alla jusqu'à affirmer que même si le prince était injuste, la désobéissance équivalait à l'impiété. Aussi, la décision doit-elle s'inspirer de sources plus puissantes : c'est la fonction de l'oracle de Delphes ou des livres Sibyllins de Rome.

Ces cas extrêmes de domination caractérisent des sociétés étatiques. Les trois grands empires médiévaux de Méditerranée ont eux aussi suivi la logique d'un soutien réciproque entre le culte et la légitimité. Si on ne peut parler de tentation théocratique pour Charlemagne, son empire se définissait comme un empire chrétien. Son couronnement impérial le jour de Noël de l'an 800 par le pape Léon III place le roi des Francs en position de force. Il remplace à Rome celui qui s'est replié à Byzance : le *Basileus*, l'héritier de l'Empire romain d'Orient. Celui-ci se proclamant à la fois empereur et prêtre selon une double continuité – celle du titre romain de *Pontifex maximus* et celle du christianisme – Gilbert Dagron avait employé le terme de « césaropapisme » pour le désigner[19]. Tout le jeu des papes et des patriarches consistant à rendre son autonomie au pouvoir spirituel et à se doter de leur propre pouvoir temporel. La force colossale du pouvoir spirituel en tant qu'arme morale et source de légitimité se retrouve dans la nature même des trois califats musulmans ; Omeyyade, Fatimide et Abbasside. Leur principal souci résidait dans l'orthodoxie de la doctrine qui leur conférait le pouvoir, et qui ne pouvait donc qu'être tentée de l'imposer par la force. Le pire adversaire du souverain monothéiste devient au Moyen Age, l'hérétique. Condamné à de pires châtiments que les infidèles ou les païens. Devant allégeance à son culte et à son souverain, l'hérétique

[19] Dagron Gilbert : *Empereur et prêtre. Étude sur le césaropapisme byzantin.* Paris, Gallimard, 1996.

déroge, doute ou remet en cause un dogme, il pourrait affaiblir les fondements de tous les pouvoirs civils et militaires en même temps qu'il rejette la caste religieuse. Sa croyance impie réfute les fondements du pouvoir, la collusion entre une légitimité du commandement et la source ultime de la puissance : la croyance en un dieu.

Si la fonction cultuelle, chamanique ou religieuse ne possède pas partout un réel pouvoir opérationnel, elle demeure l'intercesseur entre la société et les agents qui régissent le monde. Le pouvoir d'intercession se partage de concert avec le pouvoir tout court dans les sociétés égalitaires ou hiérarchisées. Son intérêt stratégique ne peut qu'attirer le législateur. Pas seulement les monarques, d'ailleurs. La légitimité des décisions prises par les assemblées requiert que ses décisions soient placées sous les auspices des dieux, au Sénat de Rome, comme dans les instances de la démocratie athénienne. L'usage du hasard pour désigner la plupart de leurs magistrats (archontes, prytanes et bouleutes) apparaissait comme la volonté des dieux eux-mêmes. La régulation sociale, comme les affaires de la cité ne peuvent aller contre la volonté de ces agents surnaturels. Leur puissance prête son concours à celle des dominants, elle renforce les institutions, maintient les lignages, favorise l'identification d'une communauté au pouvoir politique. Aussi, les religions constituées en tant que telles ne peuvent qu'émettre des règles sociales : prescriptions morales (aumône, monothéisme), proscriptions sexuelles ou alimentaires (porc, adultère, jeûne). Celles-ci, écrites et compilées par des hommes, prennent la force de commandements divins.

Rassemblement, communauté et castes

Bien avant l'identification à des entités laïques telles que la nation, l'identité religieuse et la communauté de croyance possédaient déjà la propriété d'agréger des groupes. Soit lors de rassemblement cultuels, des sacrifices, des processions, des commémorations, soit de façon plus permanente. Dans le monde antique, la citoyenneté ou la sujétion ne se dissocient pas des cultes. On l'a vu pour les monarques, comme pour les institutions. La cité-Etat, puis le royaume et l'empire ne différenciaient pas l'allégeance à l'Etat et le respect des fondements de l'autorité. Etait sacré ce que nul ne devait s'approprier, les lieux, institutions, personnes et choses signifiantes d'une collectivité dépassant les individus eux-mêmes. Pour cette raison, le sacré est à étudier dans des civilisations particulières. Le culte civique et la piété affichée distinguent ceux qui les pratiquent, créent de l'altérité et démontrent la cohésion sociale.

Les grandes Panathénées rassemblaient ainsi les habitants d'Athènes tous les quatre ans, durant le mois d'Hécatombaion. Une procession (*pompè*) partait des portes du Dipylon, traversait l'Agora, remontait l'Acropole et s'arrêtait devant la statue d'Athéna, au niveau du temple de l'Erechteion. Tous y participaient : citoyens, métèques, femmes, enfants et esclaves. Là encore, la croyance importait peu, tant que l'incroyance n'était pas affichée. En revanche, ne pas y participer relève de l'impensable. Les sacrifices en l'honneur des dieux et de la cité faisaient ensuite l'objet d'un partage dans le quartier du Céramique, entre les différents Dèmes de la cité. Affaire d'appartenance et non de croyance, le culte civique athénien. A chaque échelle de la société athénienne correspondait un culte : la maisonnée (*oikos*) ne s'arrête pas aux liens du sang ; elle s'étend à ceux qui y sont rituellement admis. Enfants, esclaves et confrères doivent être intégrés selon un rite (les Amphidromies pour les nouveau-nés) autour du foyer perpétuel d'Hestia. La réforme de Clisthène avait également institué la célébration des héros dont les tribus portaient le nom (par exemple, la tribu Aiantis porte le nom d'Ajax). De la famille à la cité, les pratiques cultuelles identifient et rassemblent les divers groupes constitutifs de la société athénienne.

De même, les cultes romains se pratiquaient avant tout en raison des appartenances sociales. Ils se définissent non seulement par leur ritualisme, mais aussi par leur fonction communautaire. Le culte public de Rome ne se pratiquait réellement qu'à Rome même ; les légions stationnées en province pratiquaient un culte propre à l'armée. Là encore, la famille sert de cadre au culte des *Parentalia*, la fête des morts célébrée par les pères de famille. Là encore, société et religion ne se différencient guère. La religion publique n'était pas une religion de l'Etat, mais appartenait aux institutions représentatives de l'ensemble des Romains. A des degrés divers, évidemment. La religion romaine s'organisait à partir de ceux qui exerçaient une fonction publique : magistrats, membres de la classe sénatoriale ou des chevaliers. La religion publique romaine concerne les citoyens, mais fait aussi apparaître la hiérarchie sociale : du père de famille au grand Pontife (*Pontifex maximus*), le culte exclut les femmes et les non-citoyens, et reflète de plus la structure économique.

Aussi, les fonctions sacerdotales les plus élevées attirent-elles particulièrement l'aristocratie locale. En Egypte, où le grand nombre de prêtres a favorisé l'émergence d'une caste puissante, carrière politique et honneurs religieux s'imbriquent dans un véritable *cursus honorum* : l'accession au trône d'Hérihor, prophète d'Amon illustre ce propos, de même qu'une tombe de Saqqara qui indique les fonctions suivantes pour son occupant : prophète, gouverneur, prêtre puis vizir, ou encore le cas de Montouemhat qui fut prophète d'Amon et gouverneur de la ville de Thèbes sous la XXVIe dynastie. Hérodote puis Juvénal se moquèrent d'ailleurs de ces prêtres engoncés dans d'inextricables normes, et à l'éthos si contraignant qu'il arriverait « malheur à qui violenterait un poireau ». C'est que la caste, où les fonctions se transmettent par hérédité, se doit de distinguer ses mœurs du commun des mortels. De plus, les cultes étaient avant tout locaux ; c'est donc en fonction des hiérarchies régionales et locales que s'est constitué le polythéisme égyptien. A contrario, les pouvoirs civils et religieux du pharaon se divisent, de même que ses prérogatives cultuelles, en période de crise et d'émiettement.

L'Eglise chrétienne, dont le nom signifie « Assemblée » montre des aspects à la fois communautaires et propices à la constitution d'une caste à part, les *oratores* (ceux qui prient). Le premier ordre de la société féodale légitime le pouvoir en intronisant les souverains (l'évêque de Reims pour les rois francs, le pape pour l'empereur romain-germanique, le patriarche de Constantinople pour le *Basileus* byzantin). Ce faisant, il propose un culte dont les officiants doivent eux aussi montrer leur spécificité, et se répartissent entre membres de l'aristocratie (le haut clergé) ou du peuple (le bas clergé). Des aspects plus communautaires ou régionaux montrent que malgré un discours universel, la reconnaissance ou le rejet des dogmes ont divisé la chrétienté.

Les hérésies relatives à la nature du Christ (nestorianisme, monophysisme, monothélisme des Ve-VIIe s.) ont reflété des régionalisations des doctrines chrétiennes, des prises de distance vis-à-vis des institutions centralisatrices en Egypte et en Orient : le nestorianisme s'est ainsi diffusé jusqu'en Extrême-Orient, alors qu'il était muselé à Constantinople. De même, on remarque que la division de l'Empire musulman au Xe s. résulte d'une volonté d'établir des dynasties locales au Caire et à Cordoue. Le schisme religieux consiste à récupérer une hérésie pour en faire une doctrine officielle régionale. Le shiisme égyptien de la dynastie Ayyoubide s'opposant ainsi avec énergie au sunnisme de Bagdad. Ces appartenances, qu'elles soient orthodoxes ou hérétiques, s'accompagnent de massacres impitoyables. Et cela, justement parce que la doctrine constitue la communauté médiévale, là où le rite constituait la communauté de la cité-Etat.

Dans les sociétés traditionnelles, les initiations séparées des hommes et des femmes se font bien évidemment sous l'invocation des dieux, des ancêtres ou des esprits. Les objets secrets – kwaimatnié – que conservent les maîtres des initiations baruyas renvoient aux mythes, car ils sont sensés avoir été donnés par les esprits de la forêt (*Yimaka*)[20]. Les récits mythologiques et religieux ont en commun de fonder les appartenances de genre, de classe, de lignage ou de caste. Chez les aborigènes australiens, Warlpiri ou Aranda, le modèle totémique lie des groupes à des totems (la plupart du temps animaux) ; leurs caractéristiques totémiques désignent aussi bien l'individu, sa communauté et l'animal-totem. Si le temps du rêve (*Tjukurpa*) ne constitue pas une religion, il est

[20] Maurice Godelier : *La production des grands hommes.* Paris, Flammarion, 1982.

néanmoins l'objet de rites collectifs et un récit mythologique fondateur. C'est par ce récit que les groupes racontent l'épopée de leurs ancêtres et la façon dont ils s'approprient leur territoire (c'est-à-dire une suite de points d'eau et de chemins où installer des campements semi-nomades). Quant au culte des ancêtres, quoi de plus communautaire que les rites liés aux sociétés lignagères ou claniques ? Les Nuer sont ainsi connus en anthropologie politique depuis Evans-Pritchard, pour constituer le modèle classique de l'imbrication clanique (des ancêtres plus au mois lointains des clans) et de la résolution des conflits à l'échelle du clan plus large (donc de l'ancêtre le plus ancien), des conflits opposant des clans de moindre envergure[21].

Le langage religieux traduit des rapports de force, symbolise un mode de domination et de coopération. Par l'économie qui le caractérise, l'art revoie lui aussi à des formes étendues de coopération. Il a besoin de surplus économiques pour exister. Il ne peut se dispenser d'amis puissants ni de petites mains. Les centres urbains mis en réseau avec les sources de revenu et de matière première favorisent son expression, mais le placent aussi sous contrôle. S'il faut sacrifier des revenus, le retour sur investissement le plus exigé demeure la démonstration du pouvoir. L'art convertit l'argent en symbole, liant social particulièrement efficace.

[21] Edward E. Evans-Pritchard : *Les Nuer*. Paris, Gallimard, 1969.

L'art de se faire des amis

L'art comme système de coopération hiérarchisée

A priori, l'art, c'est l'artiste, son inspiration, l'incarnation d'un génie du temps. Mais réaliser une œuvre appelle toutes les dimensions du travail. Le matériel, les traditions artistiques, les problématiques du moment, l'existence de l'artiste en tant que sujet, les aides dont il bénéficie, ainsi que son insertion dans une économie, réclament bien d'autres aspects que le seul personnage du génie créateur. Aussi, l'œuvre d'art s'inscrit dans un réseau, une hiérarchie, un marché ; il rallie par intérêt comme par séduction. Takashi Murakami en appelle aux compétences de dizaines d'assistants, ses « mains supplémentaires » dans ses œuvres, chacune d'entre elles ayant une spécialité, un savoir-faire nécessaire à la réalisation d'une partie de l'œuvre. Sous un seul nom, Murakami regroupe une entreprise (il en va de même pour Koons), il masque sous cette marque le processus collectif de fabrication. Il en allait de même dans les ateliers des peintres célèbres, qui faisaient travailler leurs ouvriers sur des tableaux signés de leur main.

Des ateliers de la Renaissance flamande sortaient des œuvres réalisées en série au moyen de poncifs, dont l'attribution était nécessairement collective : ateliers ou écoles d'Anvers ou de Bruges. Certains ont marqué l'histoire, mais ce n'est pas parce qu'ils signaient leurs tableaux qu'ils en étaient les seuls auteurs. L'art rallie en tant qu'atelier entrepreneurial. Andy Warhol aurait ainsi déclaré que « gagner de l'argent est un art et travailler est un art et faire de bonnes affaires est du grand art ». En tant que production et système marchand, l'art propose un mode de ralliement du même ordre : institutionnalisation, formation, profit, commande, prestige de l'acquéreur, renom de l'auteur, réseau de vente et contractualisation.

Dans le *Métier de peintre au Grand Siècle*, Antoine Schnapper décrit un métier réglementé, et hiérarchisé sous la férule du roi et celle du prévôt de Paris, au moins pour ce qui concerne l'attribution du statut de maître. En plus d'une somme variable, il fallait réaliser un chef-d'oeuvre, certes. Derrière eux, en revanche, aucune limite n'entravait le développement numérique des valets et apprentis des ateliers. Dans ceux qui possèdent une notoriété, l'apprentissage pouvait rapporter gros, d'un dixième à la moitié du revenu français moyen du XVIIe. Sur une durée moyenne de quatre à cinq années, l'apprentissage constituait une part non négligeable des revenus d'un artiste reconnu. Le genre d'artiste qui vend ses œuvres à des tarifs inaccessibles au commun des mortels. Passons sur l'avalanche de prix et de cotations depuis le Grand Siècle, pour en arriver à Jeff Koons et son *Baloon Dog* en acier inoxydable de trois mètres vendu 58 millions de dollars chez Christie's. Non seulement Koons a fait fortune, mais il suscite un clivage esthétique. Critiques d'art, acquéreurs, et musées suivent – ou non – les choix de ceux qui guident le marché de l'art contemporain.

L'œuvre renvoie à l'imitation des puissants (en l'occurrence Gagosian ou Pinault) et à l'opposition à ce même choix. Aimer ou non Koons renvoie doublement aux rapports de force politiques et sociaux. L'art d'une caste internationale de puissants ne se réfute pas sur simple déclaration, mais selon un argumentaire lié au sens. Certes, une masse d'inox de neuf mètres cubes en forme de chiot en ballon de baudruche plié se distingue aisément des œuvres classiques. Mais la critique insiste souvent sur la mystification, la supercherie, l'absence réelle de signification, de problématique, ou de message. Une critique formulée communément à l'égard de l'art contemporain. Factice ou génial, élites éclairées ou dupes, admiration et disqualification du pouvoir se jouent dans le goût.

Par ailleurs, l'entreprise artistique nécessite d'organiser un vaste réseau d'approvisionnement. Si les carrières locales permettaient un temps d'extraire les pierres de taille destinées aux cathédrales, elles finirent souvent par s'épuiser. Il fallait alors les acheminer sur de longues distances, souvent par voie fluviale étant donné le poids de la pierre et du bois de charpente destinés aux cathédrales. Ainsi, l'acheminement de 30 sapins jusqu'à l'Isère nécessita pas moins de 150 hommes et 160 bœufs à Romans en 1390. L'armée d'hommes et d'animaux pesait lourdement sur le prix des matériaux de construction. On estime que le transport pouvait aller jusqu'à quintupler leur prix. Des matériaux pondéreux en nombre effarant.

Il ne fallut pas moins de 3944 arbres pour construire le château de Windsor, et – paraît-il – un tronc de chêne par mètre carré enfoui sous le château de Chambord. L'architecture nécessitait une main d'œuvre considérable. Au Moyen Age, les comptes du château anglais de Beaumaris pour les années 1268-1270 indiquent la présence de 1630 ouvriers, 400 maçons, 30 forgerons et 1000 manœuvres.

Evidemment, il est fréquent que d'anciennes constructions soient pillées pour les besoins du prestige d'un nouvel édifice. Justinien fit piller les temples païens et ruina le trésor impérial pour construire la basilique Sainte Sophie à Constantinople. Les colonnes proviennent du temple d'Artémis, des pierres de Thessalie, de Syrie et d'Egypte. Le tout aurait été assemblé par 10.000 ouvriers. A cet aspect synchronique de la coopération, il faut encore ajouter l'aspect diachronique. Parmi les grands travaux célèbres, citons la grande pyramide de Gizeh attribuée à Khéops, et qui aurait nécessité la mobilisation de toute l'Egypte durant deux décennies selon Hérodote. Moins connue, mais plus longue, la construction de la cathédrale de Cologne s'égrena sur six siècles.

Une construction pareille nécessite une importante coopération technique. Les machines de levage dessinées par Mariano Taccola dans *De Machinis libri decem* proviennent en partie des progrès de l'ingénierie militaire. Il y explique le fonctionnement d'appareils basés sur les principes du treuil et de la poulie, à même de lever des colonnes ou des cloches. Des machines de levage combinant la grue et l'écureuil permettaient ainsi de hisser les pierres le long des façades des cathédrales, jusqu'à l'étage en construction, ce qui représente un intérêt majeur pour une architecture gothique lancée vers le ciel. Ce genre de grands chantiers renvoie aussi bien aux financements qu'à la résolution de problèmes urbains. La construction du Parthénon confiée à Ictinos et Callicratès par Périclès s'inscrit dans un contexte de grande disponibilité de fonds (le trésor de la ligue de Délos) et la puissance du monde ouvrier urbain d'Athènes. Le chantier de l'Acropole lui donna du travail durant quinze années (- 447 à – 432 av. J.-C.). Il va sans dire que cette politique de grands travaux coûta une fortune. La cité y consacra 469 talents d'argent, l'équivalent d'une flotte complète de trières (un talent chacune). Un sacrifice important des moyens de la cité. C'est que la chose commune, sacrée du culte civique doit dépasser l'individu singulier, écraser le particulier (*idiotès*). La cité le vaut bien.

Une cité qui attire autant d'artistes de tous genres que le permet la concentration de population, l'existence d'une hiérarchie sociale et la production de surplus. Car il semble évident que si l'art peut s'exprimer entre les mains d'un berger, une école d'art et le statut d'artiste spécialisé ne peuvent se dispenser d'un système de coopération, d'échanges et de spécialisation générale des membres d'une communauté. Le Parthénon ne peut se construire dans un lieu insécure, sans contrat ni savoir-faire entretenu par une tradition, pas plus qu'il ne peut l'être sans la fortune accumulée par l'Attique de Périclès. Une cité hégémonique dépense de façon ostentatoire le tribut des cités inféodées. Un rapport de domination aussi clair que classique se profile derrière ce patrimoine artistique.

Esthétique de la séduction

Est beau ce qui plaît. Dans ses *Poèmes élégiaques*, Théognis place la séduction et l'enchantement des Muses et des Grâces par-dessus toute référence à une vérité idéale ou conceptuelle. L'attirance et la séduction, voilà ce qui dicte aux hommes la beauté. Un goût démocratique et naturel, qui place l'enchantement et l'absence de discours par-dessus la critique. Les artistes masculins ayant été plus nombreux, rien de surprenant à ce que le corps féminin soit si souvent représenté. La beauté féminine représentée par des hommes prend comme modèle millénaire une déesse ; Vénus. Vénus nue, Vénus habillée, Vénus au visage énigmatique ou Vénus à la chevelure sensuelle, Vénus obsède l'art. La sensualité généreuse des Vénus de Cnide et de Milo sculptées dans le marbre se déroule au travers d'autres visages et d'autres noms, qui, tous, renvoient au corps d'une déesse de la beauté, de l'amour et du désir. Celle, allongées de Giogone, du Titien, de Vélasquez de Goya, Ingres et Manet ont le désir et la sensualité comme fil conducteur. Si une main cache généralement leur toison, ne laissant apparaître qu'une peau délicate et douce, la chevelure ou le pelage d'un animal domestique n'en symbolisent pas moins le sexe.

Et, si le sexe se montre, on gomme la volupté du corps. La Vénus adorée par six amants légendaires du maître de Saint Martin, celle de Lucas Cranach perdent leur pouvoir de séduction physique tout en montrant l'intégralité du corps nu. Nu au point de sembler dépouillé de toute référence au plaisir. Un peintre anonyme de basse Rhénanie peignit ainsi une *Magie de l'amour* dans les années 1470-1480. La femme figurant debout, au visage agréable et gracieux, surplombe un corps difforme, dont la poitrine si menue et le ventre si proéminent contrastent avec toutes les autres. Si Ingres trichait lui aussi sur les proportions de sa *Grande Odalisque* au bassin si scandaleusement développé, et au dos si long, ce n'était certainement pas destiné à un éloge de la vertu. Pas plus que les photographies de Marilyn Monroe dans le calendrier *Golden Dreams*, ou celles Monica Bellucci du calendrier Pirelli.

La pose, les intonations, le costume, la mise en scène de la beauté féminine ne s'en tiennent pas au seul désir masculin pour le corps féminin. Une femme respectable se montre habillée, digne et dégage un mystère inaccessible au spectateur qui ne peut accéder à son corps. Provocatrice, la Rita Hayworth de *Gilda* affiche toutes les formes suggestives, mais en y ajoutant une façon de se tenir qui renvoie à la classe dominante de la société américaine. Infidèle, sensuelle et fumeuse, Gilda revit la triade infernale qui associe le roi, sa femme et son amant depuis les légendes arthuriennes. Enjeu du pouvoir et de la rivalité entre mâles dominants, la femme noble ou bourgeoise doit sortir du jeu, domestiquer sa sensualité pour éviter le procès en infidélité ou en prostitution. C'est ainsi que la *Femme voilée* de Raphaël, *Antée* de Parmiggiano, la *Belle dame* du Titien ou le P*ortrait de Madame de Pompadour* peint par Boucher proposent des femmes aux atours liés à leur rang, une distance sensible dans la profondeur et le cadrage qui prive le spectateur de toute illusion quant à la possibilité d'un accès à leurs corps. Désir, rapport de force et rivalité s'exposent explicitement dans la représentation du dimorphisme sexuel humain.

Là où Antonio Canova nous montre une *Pauline Borghèse* suggestive malgré son rang, Egon Schiele fait du corps féminin exhibé une chose repoussante, désarticulée. Sa pornographie de la *Fille aux cheveux noirs sans jupe* n'a rien d'érotique tant son corps réduit et malheureux assombrit sa féminité. Ses lignes obliques donnent au corps féminin une rigidité, un tourment réaliste qu'on ne peut associer à l'érotisme. C'est encore de la noirceur qui émane de la *Salomé* de Klimt. Sensuelle mais castratrice, seins nus mais mains crispées, à la poitrine juvénile mais au visage de femme fatale et inquiétante. Klimt joue sur la contradiction des sentiments qu'elle inspire, à la fois Eros et Thanatos, femme séductrice et assassine, entourée de volutes dorées s'élevant vers le ciel, et de sombres triangles qui dessinent le bas de son corps. De la séduction au fantasme et aux associations d'idées, l'artiste suscite une émotion dans l'esprit de ceux qui observent. Jeu sur le désir, la frustration, la peur du désir et la déception, Salomé repousse parce que son pouvoir d'attraction morbide se dévoile. De l'objet de convoitise que peut être la femme en tant que corps, le sujet féminin de Klimt , lui, se détourne radicalement pour devenir menace permanente. Une *Salomé* rivale de l'homme, triomphatrice de son père autant que de Jean Baptiste. Une Amazone dont l'arme se résume à l'exploitation de la crédulité et des fantasmes masculins. Une danse, une tête. Avec Salomé, ce sont les hommes qui deviennent des objets. Avec *Judith*, c'est plus dur : une nuit, une tête, celle d'Holopherne.

Manipulation du sexe opposé, jeu du désir. Le peintre se joue aussi des passions d'autrui. Quand il représente, il le fait pour signifier. L'émotion que suscitent le désir et sa frustration font se rencontrer les préoccupations de l'artiste et celles des observateurs. Il montre ce qu'il sait être plaisant ou dérangeant, pourvu que l'œuvre rencontre son public. Selon les divers degrés de censure qui régissent les arts, il joue de l'allusion, du symbole ou de la référence pour passer outre ce qu'il lui est interdit de montrer. Nouveau rapport de force entre l'institution sociale et la subjectivation de l'artiste dans son processus de réalisation. Ce double jeu du code et de ses contournements demande un maîtrise aiguë des a priori d'autrui, de la duperie et du jeu sur les codes. Renvois, miroirs et mises en abyme ne se limitent pas à la peinture. Loin s'en faut.

L'opéra se pose en lieu majeur de l'émotion, de la ferveur d'une foule. Terrassée, traversée, subjuguée par le chant, l'assistance ne vient pas se divertir, mais ressentir. Elle se subit les épreuves des passions. Plus que dans le théâtre, la passion émotionnelle de l'art lyrique est totale. Bien que le jeu soit extrêmement normé, alternant les moments de gloire et les récitatifs, le chant se met au service de la dramaturgie de l'argument. Dans la *Norma* de Bellini, la virtuosité légendaire de Maria Callas ou de Montserrat Caballé ont allié la quintessence de la soprane au jeu de la tragédienne. Près de deux siècles après sa création, la *Norma* reproduit les émotions les plus violentes qui soient. Il est vrai que l'opéra se fait une spécialité des plus grands drames humains ; infanticides, trahisons, libérations, assassinats, déceptions et enthousiasmes magnifiques forment généralement la trame.

Les peines y sont terribles, les joies immenses, les trahisons impardonnables, les gloires aussi étincelantes que fragiles. Là encore, le jeu artistique, dans tout son raffinement et le labeur nécessaire, traduit non seulement la connaissance des états mentaux que vit le spectateur, mais les provoque. Les langages lyriques et musicaux s'adressent à lui pour l'altérer, lui faire vivre un drame par procuration non pas comme s'il y assistait, mais comme s'il le vivait. Cette expérience vécue doit se concevoir sur un plan cognitif pour être pensée en termes évolutionnaires, sans omettre une virtuosité qu'aucun autre primate ne peut concevoir. Car cet art, parmi les autres, prend comme objet esthétique l'émotion mais aussi du sens. Et l'intention de l'artiste demeure de s'adresser à quelqu'un, d'avoir quelque chose à lui dire, à lui signifier et à lui faire éprouver. Si les codes diffèrent entre la musique, le chant, la poésie, le dessin, la photographie, le cinéma, la sculpture, l'architecture, la danse, et la bande dessinée, si les traditions et styles qui les différencient en sous-ensembles les éloignent encore un peu plus les uns des autres, leur constante n'en demeure pas moins cette recherche esthétique d'une adresse à autrui.

Corps, émotions et visages expriment les interdits, les hiérarchies, l'emprise d'une civilisation sur l'individu. Il s'agit aussi de présenter une œuvre, non pas pour soi, mais pour autrui. Cela signifie des codes communs, des références partagées, et la capacité cognitive de savoir que tout cela se partage, et comment l'œuvre sera reçue. La même démarche se retrouve dans les rapports entre les groupes humains et leurs environnements spirituels respectifs. Faisant société avec les esprits, les morts et les dieux, il faut leur ménager une place et leur trouver un langage.

Sans véritablement calquer leurs sociétés, on y retrouve tout de même des façons de penser le pouvoir et les relations entre sujets. L'animalité humaine recourt au symbole et au sacrifice des surplus pour s'adresser à tous ces agents. Son obsession à vouloir comprendre leurs intentions nous renvoie directement à la condition de l'animal politique.

Faire société avec les fictions

Conscience de la mort et vie après la mort

Les phénomènes mortuaires montrent généralement deux choses : la première est liée à ce qui fait la personne humaine, dont le corps matériel n'est qu'une partie. La question de la mort porte sur l'autre partie. La seconde renvoie à l'impossibilité d'entretenir les relations avec ce corps qui ne répond plus. La mort rompt les interactions sociales (la mort est le « sans-réponse » écrivait Emmanuel Lévinas), mais pas l'idée que les relations sociales puissent perdurer. L'énigme d'un départ sans laisser d'adresse augure une modification de ces rapports. De là à associer la conscience de la mort et la transcendance de l'âme, il y aurait un pas qu'une anthropologie ne peut franchir sans risquer à nouveau de faire naufrage sur l'écueil ethnocentrique. En revanche, qu'il y ait des compléments non matériels au corps semble partagé par tous. Les Dogons identifient ainsi huit âmes distinctes, des parcelles de force vitale – ou *kikinu* - là où les Egyptiens identifiaient cinq principes élémentaires de la personne : l'ombre, le nom, le principe solaire (*akh*), la force vitale (*ka*) et l'équivalent de l'âme (*ba*). Si le corps ne suffit pas, une seule âme ne suffit pas davantage. En fait de transcendance, il en est une en revanche qui soit universellement affirmée, c'est la reconnaissance universelle de principes socialisés qui intègrent le défunt à une représentation du monde et à celle de sa société. Cette transcendance horizontale de la personne humaine, elle peut faire l'objet d'un discours anthropologique.

C'est que toutes ces composantes non matérielles subsistent indépendamment du corps biologique. Ce que le social avait investi dans la personne perdure ; les noms, traditions, valeurs, paroles et gestes. En quelque sorte, ce que le corps social avait prêté au corps biologique lui est repris lorsque celui-ci cesse de se mouvoir. Morts et vivants s'emboîtent dès la désignation des personnes par des noms, conformément à une onomastique particulière au groupe. Le nom renvoie à la situation sociale. Dans une société telle que celle des Serer Ndout du Sénégal étudiés par Maguerite Dupire, l'individu possède ainsi pas moins de cinq noms : le nom de naissance, l'homonyme d'un ami du père, le nom d'ancêtre, le nom-masque et le surnom[22]. L'individu se fond à la fois dans l'ancestralité du lignage et dans les rouages stratégiques du lien social, de la succession des générations et de l'évitement de sa propre mort (c'est l'utilité du nom-masque). Dans un esprit assez proche, le nom marque l'insertion individuelle dans un continuum lignager, dans la succession des générations et dans son espace vécu parmi les Kikuyus du Kenya ou les Moose du Burkina-Faso. Dans ces sociétés lignagères, les morts continuent d'exister dans le corps social. C'est le cas chez les Indiens sud-américains selon Pierre Clastres, mais aussi dans les sociétés modernes dont chaque roman national révère tantôt des saints, tantôt ses grands hommes. C'est en ce sens que les morts sont toujours parmi les vivants.

Maintenant, de quel ordre cette présence relève-t-elle ? Dès que survient la mort, les liens qui unissent le défunt aux vivants se modifient radicalement. On a longtemps supputé l'existence d'un culte des morts universel servant de préalable à toute forme de culte, par simple transfert ethnocentrique. Claude Masset note – non sans ironie – que le mausolée de Lénine fut érigé par des Russes agnostiques ou athées, défendant la religion d'Etat[23]. Alain Testart s'était penché sur le lien entre culte des morts et dépôts funéraires et en avait déduit que les traces archéologiques ne reflétaient pas les sociétés[24]. Un dépôt ne signifie pas une offrande. En revanche, là où le pouvoir monarchique écrasait sa société, qu'il s'agisse de l'empire Inca ou du royaume d'Egypte, le personnel

---

[22] Dupire Marguerite. Nomination, réincarnation et/ou ancêtre tutélaire ? Un mode de survie. L'exemple des Serer Ndout (Sénégal).. In: *L'Homme*, 1982, tome 22 n°1. pp. 5-31.

[23] Masset Claude : *Les dolmens. Sociétés néolithiques, pratiques funéraires*, Paris, Errance, 1993.

[24] Alain Testart, 2012, p 155.

dédié au culte des souverains trépassés pouvait être pléthorique. L'hommage au mort fait état de son prestige de son vivant et de la continuité du pouvoir entre les différentes générations de souverains. Le temple exhibe la mémoire des règnes successifs et illustre la perpétuation du pouvoir monarchique.

Le cas égyptien sert généralement à illustrer l'idée de vie après la mort. C'est oublier un peu vite que l'embaumement ne concernait pas les pauvres, mais qu'au contraire, les aristocrates se permettaient d'embaumer des poissons, des rongeurs ou des chats. C'est oublier également que les pyramides, puis la vallée des rois participaient du prestige royal. L'immortalité du pharaon qui apparaît durant la première Période Intermédiaire légitime le pouvoir memphite et démontre la continuité de l'Etat. Son imitation dans la société égyptienne descend la hiérarchie sociale. Aussi, vouloir se perpétuer dans la mort à l'image du roi (*Nesout*) revient à démocratiser son prestige, non à développer une pensée religieuse pour elle-même. Bien au contraire, la pratique de l'embaumement et le livre des morts sacralisent les formes du pouvoir. Dans les sociétés à Etat d'Asie orientale, le culte des morts était également une doctrine officielle du pouvoir aristocratique. Y voir les prémisses de l'immortalité universelle de l'âme relève donc, là encore de l'ethnocentrisme. Le culte des ancêtres est avant tout un culte de l'ordre social. A Rome également, le fait de pouvoir conserver et honorer les mânes de ses ancêtres relève d'un privilège patricien (le *Ius imaginum*), car il perpétue la légitimité de la domination sociale.

En revanche, le fait d'attribuer un rôle particulier aux morts, à ceux qui restent des acteurs de la vie sociale malgré leur disparition intéresse toute société. Le cas d'école étant celui des sociétés lignagères africaines, avec le statut d'ancêtre. Pour que les morts accèdent à ce statut particulier, certaines conditions sont requises. Ne devient pas ancêtre qui veut. L'ancêtre renforce le droit et le pouvoir légitimes. Il va de soi que des morts infâmes et la maladie de transgression mettent fin à ce genre de velléité. Le rang social, les conditions du décès, la qualité de la descendance et le respect procédural de rites funéraires particuliers déterminent l'accès d'un aïeul au rang d'ancêtre. L'ensemble de ces conditions se retrouve par exemple chez les Tallensi du Ghana, les Minyanka du Mali, les Basser du Togo. L'ancêtre commun faisant l'unité du lignage, son prestige doit s'accorder avec son rôle politique dans une société donnée. La généalogie qui organise l'ensemble des relations politiques chez les Nuer du Soudan, les Tiv du Nigeria ou les Bamoum du Cameroun provient des ancêtres communs.

Mais comment ces agents interviennent-ils ? Les signes qu'on leur attribue relèvent de l'approbation ou du mécontentement : maladies, présages, désordres, ou insuffisance des récoltes font état de la crainte et du danger représenté par les morts en général et les ancêtres en particulier. C'est que le défunt doit d'abord être mis hors d'état de nuire. Pour l'apprivoiser, les méthodes varient, mais c'est généralement la fonction des rites mortuaires. Chez les Achuars, ces rites empêchent l'âme du défunt de se trouver de la compagnie à emmener avec elle dans la mort. Le danger pour les Achuars étant d'y laisser soit leur âme vraie (*nekas wakan*), soit de risquer la contamination (*pausak*). Le cadavre se voit enterré sous la maison dans un tronc portant le nom de pirogue (*kanu*) et dirigé vers l'aval du fleuve, comme pour conjurer les aspects néfastes de la mort. Celle-ci s'apprivoise par des rituels de purification destiné à épargner les vivants (c'est aussi dans ce but que les Dayaks pratiquent le double enterrement), sans dédouaner la descendance de ses devoirs : stricte observance des rites, respect des mœurs et des interdits. Les relations avec les ancêtres relèvent de la diplomatie (il faut en protéger les vivants et deviner leurs volontés), de la préservation de l'ordre social et de la perpétuation des légitimités.

Relations avec les agents non humains

Quelle que soit la diversité d'agents surnaturels qui hantent l'humanité, les attentes se ressemblent étrangement. L'une d'elles consiste à deviner les intentions, l'état d'esprit, demander des conseils ou quelle est l'origine d'un phénomène, généralement néfaste. Cela se fait sous des formes extrêmement ritualisées. Sous des formes diverses, la mantique consiste à lire et interpréter des formes ou des événements qui répondent à ces questions. Ces signes, messages et révélations requièrent des traditions, des castes de spécialistes, mais aussi une disposition d'esprit telle que presque tout phénomène peut se muer en signification. Et ce n'est pas de signification de processus naturels dont il s'agit, mais d'intentions émanant des forces spirituelles que la tradition locale accepte en tant qu'agents supérieurs. Même sans personnifier le monde par un anthropomorphisme galvaudé, celui-ci semble s'obstiner à nous dire quelque chose, et nous attendons autant ses prescriptions que ses interdits.

La volonté des dieux grecs s'exprimait de plusieurs façons ; divination par les arbres dans le sanctuaire consacré à Zeus de Dordone, oracle d'Apollon à Delphes ; les formes de la mantique grecque ne manquant pas. Leurs armées comptaient davantage de devins et de prêtres que de médecins. Les destins de Troie et d'Œdipe, l'organisation de la défense d'Athènes par Thémistocle ont rendu célèbre la tradition oraculaire grecque. A Delphes, la Pythie ne s'exerçait qu'une fois par an, le 7e jour du mois de Bysios dans son adyton situé sous le temple d'Apollon. Mais le reste du temps, tempêtes, séismes et présages de toutes sortes relevaient de l'impératif. De même à Rome, continuatrice de la civilisation, les augures annonçaient les dispositions des dieux en fonction de l'état des entrailles des bêtes sacrifiées sur l'autel. Evidemment, les religions monothéistes eurent beau jeu de qualifier ces pratiques de « superstitions », un terme déjà employé à Rome pour désigner les versions populaires de la dévotion. Mais à considérer tous ces cultes sans apriori, il convient de s'intéresser à la façon dont la vérité religieuse parvint aux prophètes monothéistes : par révélation. Elles se désignent elles-mêmes ainsi, conformément aux titres portés par les religions du livre : Apocalypse, Evangile, Coran, Livre des Prophètes, etc. La volonté divine peut s'exprimer directement par des commandements, ou indirectement par un messager, un Hermès monothéiste en quelque sorte, comme Gabriel (ou *Djibrîl*).

C'est pour savoir quelles décisions prendre, comment rendre hommage aux dieux ou de quelle façon les croyants devront se comporter, que l'on requiert l'avis de ces agents. Puissants, savants, ubiques, souvent répressifs ; ces agents se manifestent régulièrement par des maux, des calamités ou des maladies. Pour l'africaniste Marc Augé, la maladie serait la forme élémentaire de l'événement ; au Togo ou en Côte-d'Ivoire, le malade est souvent coupable de ce qui lui arrive, elle montre l'existence d'un désordre social, ou l'hostilité d'un sorcier. La transgression de tabous est un grand classique du genre. La guérison d'un mal induit par ce genre de transgression consiste à remettre les choses dans l'ordre, à réparer l'incident créé par la transgression. Chez les Rukuba du Nigéria, les Kalash du Pakistan, ou les Yagua de l'Amazonie péruvienne, on recourt à la divination, à la médiation, à l'identification du responsable du mal. La résolution se fait généralement par des offrandes, des sacrifices, un ex-voto, ou la guerre. En effet, si le malade n'est pas déclaré responsable de son mal, c'est la faute d'un sorcier extérieur (moins le rituel du guérisseur se montre efficace, et plus il y a de chances que ce soit un puissant sorcier). Là, la divination devient diplomatie, une expédition punitive pouvant rétablir l'équilibre.

Le propre de ces agents non humains étant la supériorité, on considère que si leurs décisions se révèlent parfois incompréhensibles, et leurs injonctions cruelles, celles-ci n'en demeurent pas moins légitimes. Une servitude tout à fait volontaire démarque ainsi ceux qui s'y soumettent, des autres. Parmi ces injonctions, on retrouvera les interdits alimentaires et sexuels. La maîtrise de la sexualité et de la reproduction fait partie des classiques des études anthropologiques sur la parenté, et bien entendu de l'emprise sociale sur le corps féminin. Françoise Héritier estime que le contrôle et l'appropriation de la fécondité de la femme manifeste la domination masculine et la réelle distinction entre les sexes au travers de l'échange des femmes entre les différents groupes de parenté. Le fait est que les mythologies justifient cela, et que la place de la femme dans une société dépend étroitement du statut qu'elles lui accordent.

Ainsi, pour ce qui est du christianisme, deux options étaient posées par le statut de Marie ; soit elle est la mère d'un dieu (*theotokos*) et gagne en pureté par opposition aux prostituées, soit elle ne l'est pas et se trouve à nouveau reléguée malgré tout. Ailleurs, la distinction entre filles et garçons lors des initiations rituelles permet aussi d'instituer les genres et les rôles sexuels. Mais la maîtrise de la sexualité passe évidemment par le contrôle des pratiques sexuelles, tant dans leur nature que dans leur temporalité. Il n'est pas rare que les chasseurs d'Amazonie s'abstiennent de certains aliments ou de sexualité durant les jours précédant une expédition ou une longue traque, afin de ne pas froisser les esprits animaux ou encore leur maîtresse *Tsunki* dans le cas des Jivaros.

Si l'humanité se crée des récits et des mythes donnant vie à des dieux, des esprits et des ancêtres, et que cela constitue un fondement des relations sociales et politiques, le type de relation avec ces derniers apparaît sous des formes ritualisées et contextualisées à l'infini. Pourtant, bien que l'histoire ait construit des formes précises à ces rites, ceux-ci rendent compte d'une typologie assez stéréotypée. En traitant ces agents non humains comme des êtres dominants, ne transfère-t-on pas la façon d'être, les inquiétudes, les comportements de tout dominé ? Plus que la foi, ces aspects se retrouvent universellement. Deviner leur volonté, interpréter leurs signes, obéir à leurs injonctions supposées, subir les conséquences de la transgression, montrer ostensiblement sa soumission à leur égard, accepter des privations de nourriture et le contrôle de la sexualité, quémander des faveurs et échange de nourriture ; autant de façons de se comporter et d'agir qui se retrouvent dans les différentes formes de culte.

Aussi, aurai-je l'outrecuidance de considérer ces attitudes pieuses comme des prolongements de comportements animaux tout à fait classiques. Des comportements conduits avec intelligence, volonté de manipuler, de plaire ou d'infléchir la volonté des agents non humains. Et pour manipuler, rien ne vaut l'humilité du corbeau et la flatterie pour le renard. Une grandeur mise en avant par la splendeur des dons, le sacrifice ostentatoire des moyens. L'art attire, il fédère et séduit hommes et dieux. Son message nous intéresse maintenant en ce qu'il témoigne autant du lien social qu'il tisse, que des identités qu'il soutient et des postures qu'il propose face à lui. A chaque fois, c'est bien de stratégie sociale dont il s'agit.

L’art matérialise un message

Convaincre et rassembler

Lorsque Giuseppe Verdi écrivit *Nabucco*, une génération le séparait encore du *Risorgimento*. Pourtant, le chœur des esclaves de cet opéra passe pour le chant patriotique qui porta l’unité italienne. Appel à la libération des esclaves sous le joug de Nabuchodonosor, Nabucco exprime celle de la libération de l’Italie sous le joug autrichien par métaphore. De divertissant, cet opéra devint militant. Le nom du compositeur à lui seul résumait un programme politique en faveur de Victor-Emmanuel, appelé à devenir Roi D’Italie (acronyme : V-E-R-D-I). Message politique, la chanson ou la poésie se révèlent aussi puissant que peut l’être une évidence, qu’elle soit vraie ou fausse, d’ailleurs. On ne compte plus les appels à l’enthousiasme (*Let the Sunshine in*), au désespoir générationnel (*No Future*), les messages d’arrière-garde (il vaut mieux ne blesser personne, mais la liste est longue), les appels à la violence (*rap*), à la liberté (« J’écris ton nom ») ou à la paix (les *Guernica* de Paul Eluard et Pablo Picasso), à l’amour libre du *Summer of love* de 1967. L’engagement artistique dénonce autant qu’il prescrit. Aujourd’hui, par exemple, la société de consommation a ses détracteurs. L’album *Suburbs* d’Arcade Fire décrit la vie morne des banlieusards clients des grandes surfaces.

Des clients tout aussi laissés à l’abandon de soi par Duane Hanson, auteur de la célèbre Lady's Market, poussant son caddie, avec lequel elle partage un même destin de remplissage pathologique. La critique du consumérisme fait aussi des victimes parmi les artistes. Le portrait de Marilyn Monroe répété par Andy Warhol sur une toile de vingt mètres carrés, montre la destruction de l’idole, son effacement. Le culte de la célébrité dans une culture de masse correspond à sa reproduction à l’infini, l’art devient standardisé, un produit d’usine. Simple produit de consommation, sérigraphie de la production en série, *One Hundred and Fifty Multicolored Marilyns* rend la beauté jetable, l’artiste, consommable. On montre pour convertir, convaincre, dénoncer ou soutenir. A minima, l'expression artistique suppose une forme de langage qui se dispense des mots, il introduit une réflexivité, une suggestion, un effort sensuel vers autrui.

Plus classiquement, et à contrario, l'art monumental affirme un pouvoir central, la domination institutionnelle et collective sur les individus. Les bâtiments impériaux expriment facilement la volonté d'écraser, de marquer le paysage d'un gradient de puissance tel qu'un seul homme peut en user. A volonté. L'écrasement que produit l'art monumental marque ce gradient de domination sur autrui, rappelle la hiérarchie et sa légitimité. Le travail de l'artiste se résume bien souvent à exprimer une vision du monde, l'inutilité de la révolte, le triomphe de ceux qui incarnent le collectif et la correspondance entre leur pouvoir et les lois immuables du monde. L'art politique officiel n'a bien souvent rien de très original, avec un goût prononcé pour le pompeux et les grandes colonnes.

Il y a bien sûr l'art du portrait officiel. Le prince doit afficher sa personnalité. On y retrouve immanquablement des maîtres comme Hans Holbein le Jeune pour Henri VIII, Pietro de la Francesca pour Frédéric de Montefeltro, Bronzino pour Laurent le Magnifique, enfin, Jean Clouet et Hyacinthe Rigaud pour les portraits officiels des rois François 1er puis Louis XIV. Le portait sied toujours aux représentants de l'exécutif. La cour aussi. Si le courtisan se doit d'être un homme de goût, la cour se doit d'assister aux spectacles officiels ; ballets pièces de théâtre du Grand Siècle mettent en scène la domination royale et celle de l'aristocratie tout entière. Avec un titre oxymore, *Le Bourgeois gentilhomme* de Molière fit rire la cour de ces roturiers fortunés mais sans grâce ni goût. Lorsque l'art a besoin de protecteurs, il flatte l'esprit de distinction et fait allégeance au pouvoir. Lequel, en retour, peut accorder une sorte d'immortalité à ceux qui entourent le prince. Les noms de Jules Hardouin-Mansard, Charles Le Brun, Louis le Vau, André Le Nôtre, Jean-Baptiste Lully, Marin Marais ne passèrent à la postérité que par attachement à leur mécène : Louis.

L'immense investissement de Versailles à la gloire de Louis-Apollon sacrifie des sommes gigantesques à la démonstration, à l'ostentation d'un pouvoir absolu. Dans ses jardins, même la nature se plie à l'autorité royale. Elle y forme un cosmos géométrique, où la symétrie des ordres humains et non humains prend le roi comme point central. Dans le genre hégémonique et pompeux, les pavillons allemand et soviétique de l'exposition dédiée aux arts et aux techniques en 1937 à Paris nous évitent tout le catalogue artistique de ces deux empires rivaux. L'un nazi, statique, conçu par Albert Speer, l'autre soviétique, dynamique, réalisé par Boris Iofan et Vera Moukhina. Mais le même gigantisme, le même esprit de rivalité guerrière, la même ambition hégémonique. Face à face éthologique de sujets collectifs, qui s'incarnent dans ces réalisations monumentales.

Par la représentation symbolique, l'art continue l'œuvre initiée par le sacré. C'est par ce symbolisme de la grandeur que le monumental cristallise un sujet collectif, imperceptible dans la foule des individus dispersés. Le monument donne corps à la puissance de la masse aurait pu écrire Canetti. L'art rassemble ainsi les éléments éclatés d'une ambiance d'époque, autant qu'il permet à l'observateur de se constituer en tant que sujet face à ce qu'il reçoit. Il exprime ses goûts, prend conscience de ce qu'il n'aime pas, rejette ce qu'il voit ou se sent transcendé, reconnaît des inspirations, des filiations. Et ces goûts sont rarement personnels. Aussi l'esthétique rassemble-t-elle les foules, socialise les plus éclairés qui en maîtrisent les codes.

Se faisant, chacun repère les idéaux et les valeurs que l'œuvre porte ; de la stabilité à la rébellion, de la pudeur à la volupté. Les spécialistes utilisent souvent le terme de *Weltanschauung* pour désigner cet ensemble de représentations et de sensibilités qui s'expriment dans l'œuvre. Laquelle possède une dimension performative. Si Louis met en scène Apollon dans les Jardins de Versailles, cela ne décrit pas un état de fait, mais une ambition, une mystification explicite. Le subterfuge est gros, peu en sont véritablement dupes, moins encore ne l'acceptent pas du tout. On s'en accommode. Cela lui fait plaisir, domestique les ambitions de la haute noblesse de l'époque, puis donne un motif de fierté au tourisme contemporain. S'il ne convainc pas toujours, l'art rassemble, il fédère autour d'un thème, d'un nom, d'un sentiment. Officielle et explicite, l'œuvre montre aussi un état mental, un déchirement intérieur ou la joie intense. Le *Laocon* décrit par J. J. Winckelmann en 1755 inspire un double sentiment de souffrance et de dignité.

A contrario, montrer la laideur, instrumentaliser l'affreux, manipuler la monstruosité par le rejet instinctif qu'ils inspirent, cela participe encore d'un message à faire passer. Comme symbole, le laid renvoie au vice. L'art médiéval regorge de bestiaires moralisants, qui indiquent même aux illettrés ce qu'il faut faire ou ne pas faire pour mériter le paradis. Que de dragons imaginaires n'ont pas été terrassés par autant de Saint George ? La place de la monstruosité dans le monde, c'est la défaite. Le laid met en valeur son contraire, la loi et l'ordre du beau. Et pourtant, le morbide fascine. Jérôme Bosch renverse ses personnages, dont on ne voit que la monstruosité intérieure. Avec lui, les hybrides de l'enluminure et des chapiteaux monastiques se jettent sur les panneaux. Les traits déformés de la douleur ou les visages hallucinés des fous attirent. Le diable peut être beau, pourvu qu'il renvoie à la tentation, pourvu que le prix à payer incite le spectateur à rentrer dans le rang. A ce monde de monstres et de désolation s'opposent le Christ et les Saints en pleine période de ferveur religieuse, prélude à la Réforme.

Jeu sur le sens, le double sens

De l'âme au rêve, l'invisible de l'œuvre se cache derrière les apparences : « en dehors de ce qui est visible en dessin ou peinture, l'artiste véritable a quelque chose d'autre à dire. La découverte de ce ‘ quelque chose ’ constitue la véritable appréciation de l'art »[25].

Le message artistique officiel permet ainsi un double jeu de langage dans les allusions, les références plus ou moins accessibles et compréhensibles à la fois par leur commanditaire et ceux qui sont amenés à en jouir. Un cas classique consistant à placer des références ésotériques ou mystiques à destination de quelques initiés. La simple reprise d'expressions et de proverbes flamands dans la peinture de Bosch et des Brueghel demande aujourd'hui une savante exégèse (« le mal est dans l'œuf », *Jardin des délices*,

[25] Cité par René Huyghe : *L'Art et l'âme*, Paris, Flammarion, 1960, p 153.

ou « attacher le grelot au chat », *Les Proverbes flamands*). Que dire du *Melancholia* apocalyptique et hermétique de Dürer ? De même, les allusions au sens caché des éléments décoratifs des cathédrales gothiques ne manquent pas ; des figures visibles seulement de l'étage aux labyrinthes, en passant par l'ésotérisme des proportions ou des nombres que certains croient y déceler.

D'autre part, lorsque de brillants intellectuels contemporains exposent leur conception d'une *Weltanshauung* du gothique, tel qu'il allie l'ogive s'élançant vers le ciel à la forme des mains jointes lors de la prière, ou bien la lumière traversant les vitraux à la lumière divine du *fiat lux*, on peut s'interroger sur la réalité d'une telle pensée conceptuelle avant la construction. Car, enfin, comprendre un contemporain pose déjà un problème d'interprétation, mais comprendre une pensée aussi exotique que celle du Moyen Age en pose bien davantage.

Ainsi, les formes inquiètes de beauté maniériste exagèrent la gestuelle. Le maniérisme a la réputation de renvoyer à la fois aux canons auxquels il déroge, autant qu'à une spiritualisation du monde par le fantastique. Il apparaît alors contestataire dans son rapport à la règle, et inquiétant dans ses références mystérieuses. Visages inquiets de Giogone ou extatiques du Corrège (*Io*), le maniérisme se montre subjectif, sentimental et introspectif, par réaction au carcan des mesures de la Renaissance. Une lacération de l'âme digne de la *Princesse de Clèves*. Un style qui met en scène l'état d'âme utilise l'étrangeté, l'exagération des postures, l'affection des visages, la contorsion des membres. L'effet produit par ces allusions et suggestions demande lui aussi de savantes exégèses, elles-mêmes variables au fil du temps. *Io*, suggestive et alanguie, est en proie au désir, alors qu'une nuée divine et trompeuse l'enlace déjà.

Cambrée, déhanchée, *Io* succombe au fantasme. Zeus, lui, apparaît et disparaît fugacement, illusion, mensonge et tromperie mises au service d'un ego sans mesure. Quel faut-il penser de ce double jeu divin, de l'illusion des amours humaines ? Cette question de l'interprétation des œuvres et de la façon dont elles rendent compte d'une pensée se pose particulièrement dans le cas du maniérisme. Le maniérisme du Corrège nous interroge non pas sur un sens, mais une intentionnalité, car tout y est désespérément humain, à commencer par les dieux. Faut-il alors penser toute œuvre selon une exégèse, une herméneutique, une quête du sens à réitérer pour chaque génération de débat ? A moins de considérer que l'artiste puisse se dispenser de donner du sens pour se libérer des contraintes qui entendent peser sur lui. Mais on en reste dans les deux cas à une conception de l'art liée au rapport de force et à l'intérêt pour la conscience d'autrui.

Le jeu sur les significations annule parfois même le premier sentiment qui émerge d'une œuvre. De dos, la *Vénus* de Vélasquez propose les formes généreuses de la sensualité féminine. Nue, accessible, allongée, dispose. Sa belle femme objet se tait. Elle attend la volupté. Mais son visage se reflète dans un miroir plus sombre, grisé. Elle ne sourit pas. Insignifiante dans le miroir, sa nudité devient vanité, artifice. Ses formes extérieures pleines disparaissent pour laisser la place au sentiment du vide, à la précarité de l'être. Déjà, son reflet trahit l'ennui du temps qui s'écoule, faisant son œuvre – on le suppose – et promettant à toute Vénus incarnée son inévitable flétrissement. A la beauté superficielle et artificielle de Vélasquez, s'oppose la beauté pratique, quotidienne, sereine de Vermeer. Une beauté plus intérieure se dégage de sa *Laitière*. Morale, insérée dans un monde concret mais doux, sa peinture fuit la débauche et le fantasme. Les turpitudes de l'âme et les jeux précaires du désir et de l'apparat s'effacent devant quelque chose qui dure : les qualités intérieures de la personne. Gentillesse, sérénité, bonté, grandeur, autant de traits qui interrogent à nouveau la pensée d'autrui, son état et le genre de rapport qu'il convient d'entretenir avec lui.

Demeure une longue liste de références et d'allusions dans la façon de jouer ou d'écrire, afin, par ironie, de contredire le message énoncé officiellement. L'hymne américain massacré par Hendrix à Woodstock le 18 aout 1969 rejoint un sillon creusé de longue date. Déjà, Hélisenne de Crenne reprenait les textes les plus ennuyeux possible pour exprimer le contraire de ce qu'elle ne pouvait écrire. Bien mal inspirée d'être femme et de vouloir parler d'amour et de désir, il lui fallait pousser encore plus loin la chasteté et la vertu morale pour les tourner en dérision. Lorsque France Gall chantait les *Sucettes à l'anis*, qui faut-il croire quant au sens des paroles : l'interprète ou l'auteur ? De même, comment comprendre le « *Pain it, Black* » des Rolling Stones, dont la virgule ainsi placée forme une injonction raciste et non une teinte de peinture.

NTM est-il une injonction sérieuse ? A quel degré comprendre la dérision ?

Le malentendu, la provocation et le jeu sur le malentendu créent du mouvement dans la société. On en parle, on s'indigne, on soutient, on réfute ou bien on affirme. Le détournement artistique de Marcel Duchamp fournit toute la provocation nécessaire, avec son urinoir intitulé *Fontaine*. Exposé sous un pseudonyme libérateur (Mr. Mutt), l'œuvre déclencha une polémique, mais fut défendue par un Duchamp tout ce qu'il y avait de plus officiel. Et quelle ligne de défense a-t-il choisie ? Le basculement d'une signification utilitaire de l'urinoir en une signification symbolique des fluides qui circulent dans le corps humain. Déplaire devient un choix artistique. Tout en créant du mouvement, l'acte renvoie l'acquéreur à sa passivité. Acheter la Fontaine aujourd'hui n'est pas le même acte que le même achat en 1917. En 1917, l'acquéreur risquait d'être dupe d'une escroquerie. Une fois Duchamp passé à la postérité, l'acquéreur possède un bien monnayable et un motif de discussion. Plus récemment, les statues de Jake et Dinos Chapman détournent les fétiches africains, y insèrent des éléments de la chaîne Mc Donald pour dénoncer le capitalisme. Tous les arts se prêtent au jeu du détournement. Cindy Sherman l'utilise fréquemment dans ses autoportraits au vitriol.

L'ironie et le jeu de dupes fondent aussi une grande partie de la littérature et du théâtre, on l'on se rit de la naïveté des personnages. Elle s'associe aussi bien aux auteurs, en tant que marque de fabrique chez Voltaire, qu'à certains personnages comme le fourbe Scapin, ou le délirant Lear. Mais il y a souvent une justice, une conception de la morale sur laquelle se prononce l'auteur, et qui part du principe que son public la connaît déjà. En cela, le déroulement comique ou tragique ne peuvent produire d'effet qu'à la condition d'un jeu sur la connaissance des pensées d'autrui, sur ce qu'il peut éprouver et comment on peut l'influencer. Une influence, qui attaque aussi les fondements moraux ou les codes officiels par réaction contre l'institution. Sujet individuel, l'artiste s'insère dans un sujet collectif (l'institution, la tradition) ou l'affronte (ironie, double-sens, provocation, détournement). Et ce double mouvement de subjectivation d'une part, et de jeu sur la pensée d'autrui d'autre part, rejoint notre problématique d'une éthologie de l'art. A la fois jeu sur le sujet et le langage, situés en plein rapport de force à l'intérieur d'une société comme avec son monde, l'esthétique et la spiritualité plongeraient leurs racines dans les stratégies sociales des autres primates. Mais quelles pensées peut-on leur attribuer ?

Que faire des primates en anthropologie ?

L'identité humaine comme identité animale

Les primates nous encombrent. A la fois semblables et différents, ils se permettent de nous poser la question qui fâche : qui croyez-vous donc être, humains ? Encore que la faute ne leur incombe pas totalement. Quelle idée que celle de posséder un visage et des mains quand on ne naît pas homme. Cette encombrante parenté nous renvoie tout de même à ce que signifie l'Homme. S'il suffit de désigner son prochain, « *Ecce homo* », alors tout va bien. Aucune difficulté cognitive. Une tête, un visage, deux bras, deux jambes, une station verticale et deux mains préhensibles dotées d'un pouce opposable, dont l'une sert plus que l'autre. De là à lui reconnaître de l'humanité et lui attribuer des droits, à lui épargner l'esclavage et la mise à mort, c'est déjà un grand pas pour l'homme. A la fois ensemble et qualité, l'humanité possède là deux acceptions aussi liées dans un monde idéal, qu'elles se dissocient dans le monde réel.

Toute société est d'abord ethnocentrique et se définit comme le prototype de toute société. Aussi, le fait d'attribuer à autrui la qualité d'être pleinement humain reste-t-il problématique, car il ne vise généralement pas à déterminer si un corps est humain, mais si les mœurs le sont. L'ontologie humaine est d'abord une affaire de civilisation et non d'anatomie. Avec quelles difficultés applique-t-on aujourd'hui des droits de l'Homme à tous les hommes, alors que se perpétuent l'esclavage, les massacres et le sacrifice délibéré d'un homme sur sept par la famine, dans un monde qui détruit la moitié de la nourriture qu'il produit. La question de notre animalité n'a de cesse de se poser.

Car nous aimons nous travestir en animaux, arborer toutes sortes de déguisement et de masques, de costumes et de camouflages afin de duper la nature elle-même. Enfants, chasseurs, initiés, sorciers et danseurs de tous horizons dissimulent leur identité et simulent l'animalité. Une animalité d'ailleurs bien énigmatique, pétrie de raccourcis, d'abus et de mystifications. Combien sommes-nous dupes de nous-mêmes en prétendant que l'état de nature serait barbare, sanguinaire ou bestial. Le barbare, « celui qui bredouille » c'est toujours l'autre, mais c'est un homme. Chaque ensemble en voie de formation nécessite une identité contraire, une altérité contre laquelle se reposer, un tuteur pour s'orienter et se constituer.

Avec la mondialisation de l'époque moderne, le modèle occidental s'est trouvé le contre-modèle des peuples naturels, ne se privant jamais de rapprocher les primitifs et les primates. Avec le postulat d'un droit humain universel de l'époque contemporaine, l'altérité fondamentale devient le « non-Humain ». Réconcilier les deux acceptions de l'humanité était une nécessité historique après la Seconde Guerre mondiale, allant de pair sur les plans politique (reconnaissance de l'égalité des nations), juridique (*Déclaration universelle des droits de l'homme* et notion de crime contre l'humanité) et scientifique (unité anthropologique).

Evidemment, cette construction met surtout en lumière une lente construction, d'interminables débats de postures. Certes. Toutefois, cette construction renforçait l'idée déjà existante que le non-Humain était inhumain. Une idée cependant bien arbitraire. Un télescopage accusateur, consistant à croire que l'inhumanité de l'homme était la bestialité de la bête, que l'ensauvagement de la guerre totale devait quelque chose à l'état de nature. Un paradoxe qui aurait amusé Rousseau, car il en fallut des millénaires de civilisation pour en arriver là. On ne peut, à ce stade, éviter une pensée pour les Hereros, premiers « naturels » victimes de génocide en 1904. Joseph de Maistre et Edmund Burke récusaient encore l'idée d'humanité en tant qu'ensemble de tous les humains à la fin du XVIIIe s[26]. A contrario, l'idée de nature (la *natura* latine), n'était pas encore devenue l'adversaire total auquel nous

[26] Joseph de Maistre : *Considérations sur la France*, 1797, rééd. Ed. Complexe, Paris, 2006, p86.

avions à faire face. Depuis, nous avons tant artificialisé le monde, devenu notre domaine, ce que les géographes appellent l'Œkoumène. Ce domaine est aujourd'hui la planète entière et l'ultime frontière, notre *limes* s'éloigne toujours un peu plus de la surface terrestre. Mais ici-bas, la nature, notre altérité ne peut plus qu'être soit exploitée, soit préservée comme un patrimoine, voire un fétiche. Jamais nous n'avions à ce point pillé la planète qu'en ce moment même où nous la célébrons.

De la nature, nous serions sortis, continuant notre parcours évolutif par la culture et nous élevant peu à peu bien au-dessus des contraintes animales. Une idée séduisante et fort répandue chez les anthropologues, qui oublient un peu vite qu'elle émane d'un théologien jésuite (Teilhard de Chardin), et non de Darwin[27]. L'éminent paléoanthropologue Yves Coppens s'en était lui-même inspiré dans sa théorie de l'*East Side Story*. Une idée tout de même bien étrange que celle de postuler une nature humaine en dehors de la nature. Tout ce qui existe dans le monde sublunaire se résumerait à une identité simple : végétale, minérale, animale, sauf l'Homme. Lui, dans un privilège extravagant, serait à la fois animal et divin. Là encore, cette idée vient de loin. On la rencontre déjà chez Pic de la Mirandole au XVIe siècle. Est-ce à dire qu'à l'ère de la science, les propos les plus fondamentaux sur la nature humaine remontent à l'antiquité ou à la Renaissance ? L'anthropologue Victor Stoczckowski avait mis en évidence le fait que la croyance l'emportait sur la preuve lorsqu'il s'agissait de produire un discours sur les origines de l'humanité[28]. Une même trame naïve servirait de colonne vertébrale aux plus éminents discours extirpant l'humain du caniveau de l'animalité. Il nous en resterait un peu de cette animalité, mais domptable par notre petit supplément d'âme.

---

[27] Wiktor Stoczkowski: *Anthropologie naïve, anthropologie* savante - De l'origine de l'homme, de l'imagination et des idées reçues. CNRS Eds., Paris, 1994.

[28] Wiktor Stoczkowski. « La Préhistoire dans les manuels scolaires ou notre mythe des origines ». In: *L'Homme*, 1990, tome 30 n°116. pp. 111-135.

De ce point de départ, aussi consensuel que non scientifique – même si d'aucuns s'échinent encore à rechercher l'âme dans la glande pinéale ou ailleurs – ne peuvent émerger qu'un nombre limité de postures discursives. La condamnation intégrale de l'état de nature envisage de domestiquer le corps au point que son intimité obéisse à des règles sociales transcendantes. On appelle cela le triomphe de l'esprit sur la matière, mais il s'agit davantage du triomphe de la norme sur le corps particulier. L'idéalisme revendiqué pour justifier cette domination relègue le propre de l'individu au sale, rejette la jouissance dans la souillure et idéalise la négation du corps. Cette première posture s'accompagne d'une hiérarchisation sociale conforme à la vertu ou à la pureté, c'est-à-dire à des comportements policés, signes d'un dressage plus que d'un monde des idées. A contrario, l'état de nature sert de métadiscours sur le social, soit dans un style métaphorique, soit pour justifier un mal nécessaire.

La métaphore animale ou végétale donne les maximes de Ménandre, les fables de La Fontaine, l'expression des moralistes, les contes des frères Grimm, la représentation des vices humains dans l'art gothique, les caricaturistes, les artistes politiquement engagés, etc. Le mal nécessaire se justifie par un état de nature échappant à l'emprise de la norme. On appelle alors la « nature » pour justifier une barbarie minimale, un invincible reliquat d'animalité responsable des horreurs du monde. La rhétorique de l'animalisation d'autrui afin de l'exclure de l'humanité remonte au moins aux Grecs et à leurs *barbaroi*, probablement plus loin. Ces volontés d'arrachement à la nature sont bien entendu performatives. Elles expliquent assez largement la méfiance à l'égard des tentatives récurrentes de re-naturation de l'homme comme le darwinisme.

Cet animal que donc était Jacques Derrida, pour reprendre ses propres termes, avait décidé librement de déconstruire un anthropocentrisme désormais obsolète. A contrario, le zèle égalitariste de certains auteurs, comme Paola Cavalieri, n'échappe pas à la critique lorsqu'ils proposent que les droits de l'homme soient appliqués aux animaux, ou qu'ils affirment comme Florence

Burgat que « les animaux sont des hommes comme les autres »[29]. Or, si chacun possède son point de vue quant à la nature humaine, à ce qui le définit ou le distingue du reste du monde animal, ce même point de vue paraît aussi évident. Il en fut ainsi de Platon à qui Diogène avait apporté un poulet déplumé pour se moquer de « l'homme selon Platon » : un bipède sans plumes.

Le principal problème posé par les définitions de l'homme en tant qu'être possédant une aptitude particulière, est que tous les hommes ne la partagent pas. L'*Homo*, qu'il soit *faber*, *loquens*, *religiosus*, *economicus*, *symbolicus* ou *metaphysicus*, trouve facilement ses exceptions : le muet, l'athée, le Kwakiutl, le Tasaday, etc. dérogent à de telles tentatives d'enfermement. D'autant que l'ethnocentrisme constitutif des populations humaines met ces définitions en porte à faux. Il exproprie une partie de l'humanité au motif qu'elle ne partage pas certains traits, et s'arroge le monopole de l'identité humaine. Du Grec se pensant humain parce que vivant sous le régime de la cité, aux mots *Inuit* ou *Yanomami* signifiant tous deux « êtres humains », chaque population se reconnaissant comme telle tend à s'inclure dans l'humanité et à se poser des questions sur les autres.

Ce mode de questionnement a été exploré par Philippe Descola, pour qui deux axes structurent l'identification des êtres : celui de la matière (ce qui est sensible) et celui de l'âme ou de l'esprit (ce qui est invisible). Il échafaude ainsi un projet anthropologique fondant les structures sociales sur ce qu'il nomme des ontologies. Sa typologie retient quatre possibilités : soit la matière est commune à toute chose, mais que l'esprit distingue les hommes en particulier (le naturalisme européen), soit que ce soit le contraire (l'animisme amazonien ou sibérien). A ces deux possibilités opposées s'en ajoutent deux autres. Soit qu'il n'y ait rien de commun entre les êtres (l'analogisme chinois ou médiéval), soit encore qu'humains et non-humains partagent la même matière et le même esprit (le

[29] Paola Cavalieri. : « Les Droits de l'homme pour les grands singes non humains ? », *Le Débat* n°108/1, 2000 : 156-162. & Florence Burgat. : *Animal, mon prochain.* Paris, O. Jacob, 1997.

totémisme australien)[30]. Habilement, il contourne le piège des typologies : pas de catégorie « fourre-tout », pas d'ambivalence, car ces quatre modèles ontologiques s'intègrent tous dans des schèmes particuliers aux cultures. La nôtre, par exemple, est traversée par le naturalisme : l'argument de comparaison récurrent entre humains et chimpanzés demeure la proximité génétique. Autre exemple, tout possesseur d'un animal de compagnie peut commenter l'intelligence de celui-ci, sans pour autant jouer aux échecs avec lui, ni lui donner lecture du *Capital* pour autant.

Une remarque, cependant. Celle-ci porte sur l'unicité du critère d'identification dans cette démarche structurale. Personne ne se pense uniquement comme humain par opposition aux non humains. Au contraire, les appartenances se chevauchent : nations, ethnies, genres, générations, castes, réseaux, lignages, clans, ordres, classes, collectifs, mouvances, diasporas, métiers, régions, quartiers et cités ; la liste est longue. L'individu joue sans cesse de ce répertoire d'identités et d'appartenances, parfois de façon contradictoire. Des contradictions non pas marginales dans la façon dont les sociétés se constituent. Ainsi, le football remporte-t-il l'adhésion populaire par identification, tout en recrutant des mercenaires extérieurs au moment du *Mercato*. L'un des récits dramatiques les plus populaires, et qui nourrit une économie assez substantielle pour en faire un phénomène social total, déroge à cet enfermement dans une seule identité, et se pense sans référence aux non humains. Autre exemple, plus académique : celui d'Athènes. L'archontat de Solon abolit l'esclavage pour dettes à l'intérieur de la cité, sans délégitimer l'esclavage d'autres Grecs. Ces mêmes Grecs, unis dans l'Hellade par la langue, l'organisation en cités et les récits mythologiques qui les différencient des peuples barbares, exploitent plus d'esclaves qu'il n'y a de citoyens. A Athènes, lieu de l'Académie de Platon, un tiers des habitants appartient à son maître. L'égalité (réforme de Clisthène -509, -507 av. J.-C.) et la liberté (réforme de Solon, - 594 av. J.-C.) qui définissent l'homme se refusent à la majorité des habitants de l'Attique. Aussi, comment penser la complexité des sociétés à

[30] Philippe Descola : « Par-delà nature et culture ». In *Le Débat* n°114, 2001, p 86-101.

partir d'une anthropologie des collectifs d'Humains et de non-Humains ?

Un pan des sciences humaines s'est armé de la philosophie des sciences, l'épistémologie, de façon légitime. Etant un fait humain, il n'y aucune raison à ce qu'il ne soit pas observable. La constitution des savoirs intéresse au premier plan l'ensemble des sciences. Michel Foucault espérait même rendre compte d'une archéologie des savoirs. Mais la critique savante de la science repose aussi sur des positions morales. On a beau jeu de critiquer l'anthropomorphisme des éthologues, l'utilitarisme et l'économisme des darwiniens. A raison d'ailleurs, puisqu'ils expriment eux-mêmes le rôle fondamental de l'intérêt individuel dans les équilibres des sociétés animales. Ainsi peut-on lire que l'existence de la société est un sous-produit du calcul pondérant la concurrence entre semblables et la résistance aux prédateurs[31]. Mais les mêmes critiques ne s'expriment aucunement lorsqu'il s'agit de la position contraire : pourquoi devrait-on postuler la gratuité des actes chez l'animal ? Serait-ce le transfert du « bon sauvage » vers le « bon animal » ? Une posture plus exigeante envers des sciences déjà mathématisées, de la part de sciences auparavant qualifiées de molles, et qui prolonge la position déjà bien ancienne du « chacun chez soi ». Les sciences sociales, en critiquant les autres disciplines, omettent la dimension réflexive de la critique, laquelle se retourne contre elles sans plus de ménagement[32]. Certains postmodernes en firent les frais dans les *Impostures intellectuelles* de Sokal et Bricmont[33].

De son côté, la philosophie morale hésite entre la nécessité d'une morale commune et un fondement inaliénable de l'humanité d'un côté, et l'entrée des animaux dans le domaine du droit. A

---

[31] Carel Van Schaik, 1996, « toward an understanding of orangutan's social system » in : *Great Ape Societies*, Cambridge University Press, Cambridge, p3-15.

[32] Pierre Bourdieu : *Science de la science et réflexivité.* Paris : Raisons d'agir éditions, 2001

[33] Dans l'essai du même titre, Sokal et Bricmont s'attaquent aux penseurs postmodernes, qui s'emparent de théories mathématiques ou physiques sans les comprendre. Paru chez Odile Jacob, Paris, 1997.

l'utilitariste Peter Singer, auteur de la *Libération animale*, comme à la phénoménologue Florence Burgat, s'oppose un autre phénoménologue comme Etienne Bimbenet[34]. A ceci près que même ce dernier reconnaît les acquis de l'éthologie et le fait évolutif. Toutefois, on ne peut que constater le dénigrement radical de la théorie de l'évolution par les sciences sociales. Soit qu'elles aient fait des sciences de la vie un objet d'étude, soit qu'elles aient campé sur la fracture séparant l'homme du reste du monde, soit qu'elles aient définitivement basculé dans un l'anti-évolutionnisme.

Une anthropologie sociale évolutionnaire est-elle possible ?

Le postulat de l'exception humaine a la vie dure. Sur un plan moral, il est nécessaire à la conception de l'unité de l'homme, fondatrice d'un régime de droit universel. Sur un plan scientifique, l'espèce humaine n'échappe pas au monde dans lequel elle vit. Jean-Pierre Digard a beau qualifier le récent penchant des anthropologues pour la nature d'obscurantisme[35], on voit mal en quoi ses postulats seraient plus scientifiques, puisqu'il en reste au postulat, à l'*apriori* et à la posture. Etre des primates ne nous interdit ni le langage, ni la culture, ni la pensée, ni la technique. L'abus – souvent commis – consisterait à affirmer que les différentes espèces de primates se confondent dès lors qu'elles se ressemblent un tant soit peu : *Homo sapiens*, cousin des chimpanzés peut très bien se penser en tant que primate, sans se

---

[34] Etienne Bimbenet : *Cet animal que je ne suis plus*. Paris, Gallimard, 2011. D'importants textes ont été rassemblés par H.-S. Afeissa *et* J.-B. Jeangène Vilmer, Philosophie *animale. Différence, responsabilité* et *communauté,* Paris, Vrin, 2010

[35] Digard, J-.P. : « Le tournant obscurantiste en anthropologie. De la zoomanie à l'animalisme occidentaux » in *L'Homme* n° 203-204, 2012.

diluer dans le chimpanzé. Une nuance mise en pratique par les primatologues, et malheureusement oubliée des sciences humaines. La posture anti-réductionniste oublie également que le recours à la réduction traverse les rangs des sciences humaines : les analyses marxistes réduisant la subjectivité et les cultures à des sous-produits des infrastructures économiques n'ont rien à envier aux articles de primatologie faisant des sociétés les sous-produits des contraintes environnementales et reproductives.

Dans leurs aspects généralistes et englobants, les perspectives structuralistes qui s'étaient attachées à un seul objet étaient tout aussi critiquables. Extraire un système symbolique ou un système de parenté de l'histoire et des autres domaines sociaux, ainsi que l'anthropologie sociale a maintes fois procédé, ne lui permet nullement d'échapper aux reproches. Enfin, accuser les biologistes d'en rester à des idéologies utilitaristes, libérales, ou réductionnistes, ne garantit pas du tout l'absence de parti pris dans les analyses des sociologues ou des anthropologues. Même un sujet aussi technique que la parenté a subi ce reproche : l'exogamie était-elle une idéologie véhiculée par les anthropologues, demandait André Iteanu dans la prestigieuse revue *L'Homme*[36].

La critique peut être encore plus virulente envers l'évolutionnisme darwinien, essentiellement pour trois mauvaises raisons. Celui-ci serait responsable du racisme, de la colonisation et du libéralisme économique. Les comparaisons raciales faisant de l'homme blanc un idéal esthétique n'ont pourtant pas attendu Darwin. En 1792, Peter Camper mettait en perspective les angles faciaux d'une bécasse, d'un jeune orang-outan, d'un Nègre, d'un Kalmouk (qualifié d'être le plus laid que la Terre puisse porter) et d'un profil grec. Aucun éthologue darwinien actuel ne soutient ce genre de propos. Pas plus qu'ils ne peuvent endosser la responsabilité du traitement dégradant de Saartjie Baartman, surnommée la « Vénus hottentote » et décédée en 1815, 34 ans avant la parution de *l'Origine des espèces* (22 novembre 1859). Des idées évolutionnistes ont bien existé en anthropologie avant ou

---

[36] Itéanu André. « Idéologie patrilinéaire ou idéologie de l'anthropologue ? ». In: *L'Homme*, 1983, tome 23 n°2. pp. 37-55.

sans Darwin : Bachofen, Morgan et Tylor décrivent des évolutions anthropologiques sans référence aucune à Darwin. Et pour en finir avec l'inspiration darwinienne du colonialisme, Alain Testart cite un passage tout à fait délicieux attribué à Radcliffe-Brown, un anthropologue fonctionnaliste pragmatique : « l'évolutionnisme est inutile pour la gestion de nos colonies » aurait-il affirmé[37].

Les formes de la domination, qu'elle soit coloniale, ou qu'elle soit l'œuvre d'une classe sociale sur les autres, font aussi partie de l'argumentaire anti-darwinien. André Pichot s'en est fait notamment l'écho[38]. Pour ses détracteurs, le succès du darwinisme aurait résulté du contexte économique et social de l'époque victorienne. La sélection des élites inspirant la sélection des plus aptes. C'est pourtant faire fi d'un principe scientifique de base, que de porter l'attaque sur un contexte historique, plutôt que sur le contenu. Un contenu qui a pu d'ailleurs se traduire très différemment selon les premières versions : là où Ernst Haeckel optait pour un darwinisme social radical, Clémence Royer confondait l'évolution avec le progrès social. Rejetée de tous côtés à cause des tentatives de récupération, l'évolution déplut d'abord à droite puis à gauche. Dans tous les cas, le procès porte sur les contextes et non sur les textes ; c'est un hors-jeu scientifique. La situation peut sembler contradictoire, puisque l'anthropologie sociale ne se contente justement pas de l'explicite et de la rhétorique officielle. Elle cherche l'implicite, le non-dit, la cohérence cachée derrière les contradictions systémiques. Il n'est donc pas impossible qu'elle s'attarde sur ces sociétés sans langage que sont les sociétés animales, ni de pouvoir considérer que cette part implicite du fonctionnement des sociétés a quelque chose à voir avec de l'animalité.

Les raisons pour lesquelles l'évolutionnisme a pu être disqualifié par les anthropologues se doublent d'une confusion majeure : celle qui consiste à identifier la sociobiologie avec

---

[37] Alain Testart *: Avant l'histoire : L'Evolution des sociétés, de Lascaux à Carnac*, Paris, Gallimard, 2012, p 49.
[38] André Pichot : *Aux origines des théories raciales, de la Bible à Darwin.* Paris, Flammarion, 2008.

l'éthologie. Un tel repoussoir fait craindre que toute tentative d'anthropologie évolutionnaire se réduise à une reprise des thèses finalistes de la sociobiologie. Cette posture réductionniste montre à quel point les sciences du social rejettent autant l'animalité de l'homme que le firent autrefois les religieux. Certes, des croisements souvent féconds ont eu lieu. Ainsi, la psychologie a fourni un grand nombre d'études en primatologie. L'une et l'autre de ces disciplines se confondent même dans leur histoire, d'abord avec Boutan et les Yerkes, puis plus récemment avec Anne Russon[39], ou Stanislas Dehaene. Mais au risque de se limiter à des problématiques liées à l'apprentissage, structurellement comparatives entre primates et enfants, comme chez Jérôme Bruner et Kim Bard[40]. Par ailleurs, la paléoanthropologie a cherché à rapprocher les troupes de chimpanzés des chasseurs-cueilleurs contemporains ou préhistoriques, sans retomber dans les errements racistes du XIXe s, mais toujours en limitant le comparatisme à une autre altérité, chez Dominique Lestel. Mais on ne peut qu'être frappé de ce qu'a priori, les primates n'aient été comparés en tant que société, qu'à des enfants, des primitifs ou des hommes préhistoriques.

L'éthologie humaine n'a cependant pas été en reste dans le domaine comparatif, comme le montre le travail de Rémi Chauvin. Mais les registres abordés n'ont pas permis un traitement réellement social, à commencer par la sociobiologie. Tant ses aspects réducteurs, que théoriques et anthropomorphiques ont fait l'objet de nombreuses critiques depuis Leach. L'éthologie s'est beaucoup penchée sur les interactions, le rôle du langage non verbal et des hormones sur les comportements. Mais ici comme ailleurs, ce n'est pas de société humaine dont il est question,

---

[39] Anne Russon : "The nature and evolution of intelligence in Orangutans (*Pongo pygmaeus*) in *Primates* n°39 (4), 1998 : 485-503.

[40] Jerôme Bruner, *Le développement de l'enfant : savoir faire, savoir dire*, Paris, PUF, 1983. & Kim Bard., « social tool use by free-ranging Orangutans : a piagetian and developpemental perspective on the manipulation of an animal object » in Berthelet A. & Chavaillon D. : *The Use of tools by humans and non human Primates.* Oxford. Oxford University Press, 1990 : 356-378.

malgré la qualité des travaux réalisés. Notons que l'interaction est elle-même devenue un objet majeur de la sociologie avec Erving Goffman[41], justement parce qu'il fait abstraction des systèmes plus généraux, mais cet interactionnisme se distingue de celui des animaux. Il renvoie non pas à l'échange lui-même mais aux stratégies, représentations de soi et de la réception d'autrui, à tout ce que le symbole peut signifier lors de cet échange. La question de l'interaction symbolique joue du retour sur l'interaction plus que sur l'interaction elle-même.

On aborde l'homme moderne de façon fort différente : représentations, réseaux, langage, symbole, rites, identifications, etc. L'individu humain s'intègre spontanément dans un ensemble social, ce qui n'est pas évident dans le cas des primates : on parle de système sociosexuel et d'interaction, de fission-fusion et d'écologie sociale, mais pas d'existence d'un corps social possédant son propre fonctionnement en l'absence d'institutions. Le social n'est pas en question, alors que les comportements stéréotypés, les rituels, les codes et les communications se partagent au sein des cultures animales. Il n'y aurait rien d'extravagant à ce qu'une anthropologie évolutionnaire aborde la continuité des systèmes sociaux, dont les coalitions dépassent le simple champ politique pour s'étendre à la parenté, au don, aux sociétés, aux religions et à l'art, qui fédèrent, hiérarchisent et divisent tout autant. Si identifier l'homme au chimpanzé relève d'une faute logique, rien ne s'oppose en revanche à le considérer comme un primate, ensemble auquel il appartient, sans le réduire aux autres.

Certains anthropologues comme Frédéric Joulian interrogent d'ailleurs les primates en leur posant des questions très humaines ; quels sont tes outils ? Comment apprends-tu ? Quelle est ta culture ? Quelle est ta vision du monde ? Etc. Mais de là à oser faire entrer l'histoire et l'ethnologie dans les mêmes pages que la primatologie, le risque est encore trop grand ; réductionnisme, caricature, les accusations émanant des gardiens du temple ne

---

[41] Erving Goffman : *La Mise en scène de la vie quotidienne.* Paris, éd. De Minuit, 1973.

manqueraient pas. Et pourtant, l'anthropologie est en panne. Orpheline du marxisme et du structuralisme, elle repart vers le récit littéraire et le singulier. Son influence intellectuelle s'estompe à mesure que ses grands noms s'éloignent. Alors, pourquoi pas ? Après tout, Desmond Morris limitait son *Singe Nu* au sexe, au combat et au confort. Et lorsqu'un primatologue de l'envergure de Frans de Waal se met en tête de rapprocher les hommes des chimpanzés[42], il se tourne depuis plusieurs années vers l'introspection, la conscience d'autrui, l'empathie et la fonction de la morale, des sujets tributaires de beaucoup trop d'aprioris dans leurs orientations, et enfermés dans une école de pensée révolue, le fonctionnalisme. Il nous faut dépasser à la fois une position « mystérianiste » de l'esprit animal, l'échelle interactionnelle du social, et le fonctionnalisme des éthologues, lequel dérive assez souvent vers des causes finalistes avec la théorie du *fitness* reproductif et la sociobiologie.

Caractéristique la plus éloignée de l'animal, la religion, qui interroge les causes ultimes et se confondrait avec la spiritualité. Mais la capacité humaine à demander un « *pourquoi ?* » traduit davantage une recherche d'intentionnalité du monde, qu'une pensée abstraite et gratuite. Quand bien même la spiritualité s'étendrait sur un domaine de l'abstrait, il concerne des êtres immatériels tels que les esprits, les morts, les âmes, le mal, qui se comportent comme des sujets avec lesquels nous serions en rapport, et qui nous enjoindraient de régler nos petites affaires selon une morale. Si cette faculté d'imaginer l'abstrait donne tout son charme à l'humanité, cela n'empêche pas que l'abstraction s'anime, possède une vie, agisse comme un sujet réel. De cette faculté, j'entends montrer que la religion et l'art prolongent l'animalité là où ils entendent la faire disparaître. Mais pour cela, un premier écueil doit être évité, celui du réductionnisme.

---

[42] Frans de Waal : *La Politique du chimpanzé.* Paris, Odile Jacob, 1995.

Eviter le réductionnisme

Que faire des passions animales ?

Levons d'emblée une ambiguïté. Les gènes partagés par *Homo sapiens* et les autres grands primates ne comptent pas pour grand-chose dans cette affaire. Pas plus que ceux que nous partageons avec les éponges de mer. Gardons-nous des glissements sémantiques, des confusions et imprécisions. Si l'homme moderne appartient à l'ordre des Primates et au clade des Haplorrhiniens dont font partie les hominidés, il ne se confond pas avec les autres espèces du même Ordre ni du même clade. Aussi, les termes de parenté ou de descendance habituellement usités dépassent-ils les faits. En l'état des connaissances, l'homme ne descend pas du chimpanzé. Pas plus qu'il ne serait un singe transformé magiquement parce que la marche verticale lui seyait davantage, ou que la bipédie lui serait venue en descendant des arbres. Si les corps se transformaient à volonté, le monde serait sans doute très différent.

Tant que toute comparaison se fera dans la confusion, il sera difficile d'avancer sur un plan anthropologique. Les lignes idéologiques adorent la caricature ; l'homme-singe sert autant de repoussoir à ceux qui refusent a priori toute pensée évolutive, qu'il rend à l'homme son animalité du point de vue évolutionnaire. On se souvient du propos de l'évêque Wilberforce, qui interpela Huxley : « est-ce par votre grand-père ou votre grand-mère que vous descendez du singe ? ». Si les témoignages diffèrent quant à la formulation exacte, celle-ci montre comment le singe demeure une figure stratégique dans la construction de l'humanisme contemporain, et qu'il vaut mieux éviter ce raccourci dans l'intérêt d'une pensée anthropologique évolutionnaire à peu près digne de ce nom.

Par ailleurs, les approches biologiques de l'humain en tant que primate posent un problème non négligeable en comparant les sociétés uniquement en termes sociosexuels. Cette approche stipule que l'organisation de la reproduction sexuelle détermine l'organisation sociale tout court[43]. Cela signifie que les sociétés de primates se structurent en fonction des déterminismes suivants : les différences physiques entre mâles et femelles (le dimorphisme sexuel) ; la dimension relative des testicules par rapport au reste du corps ; la tumescence génitale (l'oestrus se manifeste de façon flagrante, ou non) et la durée de la copulation. Or, c'est le genre d'argument utilisé par les biologistes, auquel on ne peut que répondre : *so what* ? On comprend le manque d'intérêt des anthropologues, mais allons jusqu'au bout de l'argumentaire biologique.

Ainsi la taille relative des testicules correspond-elle à des espèces monogames au bas de l'échelle (tamarin, ouistiti, gibbon), multi-mâles/multi-femelles quand les testicules des mâles sont soumises à une forte concurrence (macaque, chimpanzé, vervet, la plupart des babouins), ou bien polygynes (entelle, nasique, gorille, orang-outan, homme, colobe) et dans ce cas, c'est la différence de taille et de poids entre les mâles et les femelles qui l'emporte et détermine des sociétés à harem. Sauf qu'il est à la fois difficile d'affirmer que l'homme moderne vit dans une société de harem, et qu'il se retrouve assez éloigné de son plus proche parent : le chimpanzé. Les copulations plus longues feraient peut-être le bonheur de l'humanité, mais la palme revient aux mâles les plus imposants : l'orang-outan et le gorille, que les petites testicules ont poussé à ne pas se mettre en concurrence avec d'autres mâles. Nos amis chimpanzés, aux grosses testicules et à l'oestrus remarquable en sont ainsi réduits à des copulations brèves, et à de plus nombreuses éjaculations dans un contexte de forte promiscuité et de concurrence postcopulatoire. Soit. Est-ce parce que l'homme n'éjacule que 0,025 fois par heure et le chimpanzé 0,52 fois, que

[43] Alexander Harcourt : « Stratégies de reproduction chez les singes », Roeder J.-P. & Anderson J. : *Primates, recherches actuelles*, Paris, Masson, 19990 : 92-119. Dunbar : *Primate Social Systems*. Londres, Croom Helm, 1988.

cela explique un système social ? On peut en douter. Autant que de la polygamie généralisée, quels que soient les fantasmes masculins.

Si le standard de vie contemporain permet aux deux sexes d'avoir plusieurs partenaires, ce n'est généralement pas au même moment, et si tel est le cas, c'est en dérogeant à la norme, et en procédant à la dérobée. De nombreux lieux et sites existent pour cela. La monogamie l'emporte en effet officiellement dans les relations d'alliance matrimoniale, qui se différencie de la sexualité. Maîtresses, amants, mésalliances, mariages forcés et frustrations de tout temps nourrissent suffisamment les imaginaires, du *Petit chaperon rouge* à l'*Extension du domaine de la lutte*. L'un des défauts des primatologues consiste à penser que la modernité affective, sexuelle et maritale correspond à l'état de nature, et que les choix des mariés auraient toujours été libres. Un club de rencontres ouvert depuis le paléolithique, en quelque sorte. Une illusion d'optique qui justifie bien des critiques.

Il est de coutume de se référer au travail d'un anthropologue américain, George Peter Murdock, qui a tout simplement compté et comparé les sociétés humaines en fonction des critères géographiques, économiques et de parenté[44]. Les primatologues ont eu tendance à récupérer le travail de Murdock en lui attribuant l'inventaire d'environ 860 sociétés, dont la grande majorité serait polygame. Si l'on excepte la période récente et le triomphe planétaire de la monogamie comme du divorce, il faut encore distinguer la polygynie en tant que possibilité et en tant que norme. Si un grand nombre de sociétés humaines la pratiquent, elle n'a pas d'intérêt démographique d'une part, et ne constitue pas une norme sociale généralisée d'autre part, comme elle peut l'être chez les orangs-outans. Le sultan avait son harem et sa favorite du moment, mais son empire se serait effondré si la pratique du harem s'était généralisée, privant de compagne la majorité de ses sujets.

Cette approche sociosexuelle mérite finalement assez bien l'accusation de réductionnisme. Non parce qu'il s'agit de

---

[44] George Murdock : *De la Structure sociale*, Paris, Payot, 1972 (1e éd. 1949).

condamner moralement la comparaison des primates entre eux, ce qui est la posture de trop d'anthropologues, mais parce que la taille des testicules humaines nous informe peu quant à la diversité des modes d'alliance matrimoniale, des normes sexuelles, des règles de parenté ou de filiation. De même, on a longtemps cru que la domination masculine dépendait d'un rapport de force physique. Les faibles femmes, soumises aux hommes, sont en effet généralement plus petites et moins corpulentes. Soit, mais le rapport des corps masculins et féminins ne varie que faiblement, l'homme ne représentant que 1,2 fois la femme. Un peu comme le chimpanzé. Mis en rapport avec les orangs-outans et les gorilles (1,8), la différence physique ne justifie pas non plus les organisations sociales humaines.

Pour autant, réduire l'animal à des fonctions de reproduction, une volonté de survie et à l'instinct ne tient plus davantage la route que la réduction de l'humain à ces quelques caractéristiques. Serait-il à ce point incongru de considérer que tout ce qui fait l'homme contemporain s'inscrit dans une totale continuité avec l'existence animale ?

Esthétique et spiritualité, formes de l'animalité ?

On attend là un développement sur le pouvoir et les pulsions animales, un discours misanthrope sur la volonté de puissance et les bas instincts du désir sexuel. Ce serait facile. D'autant plus prévisible que déjà éprouvé. Après tout, la religion n'échappe pas à la volonté de puissance et se trouve être une source d'affrontements. L'art parle d'amour et de haine, de désir et de frustration, de rapports de force entre dominants et dominés. Mais en rester là suffit-il à développer une continuité entre l'animalité de l'homme et celle des autres animaux ? D'un revers de la main, la facilité balaierait tout ceci au nom de simples évidences : les singes ne prient pas et n'ont pas inventé le piano. Parallèlement, il semble tout aussi nécessaire de dépasser l'étape sensualiste de la perception, qui en reste à une conception universelle de la beauté. Le Beau satisferait les sens parce qu'il serait utile à l'organisme, ou renverrait à un signe discret de l'évolution en faveur du succès reproductif. Du religieux, il serait aisé d'argumenter sur la duperie et l'instrumentalisation de la naïveté d'autrui, en vue d'améliorer ses perspectives de survie… et du sempiternel succès reproductif. Mais ce serait tomber sur le même écueil que celui qui fait échouer les biologistes sur les rivages humains : chercher une utilité reproductive, une intention dans la démographie, une fin dans tout phénomène présent. Or, l'idée même de chercher une intention dans tout phénomène montre bien un petit quelque chose ; un amalgame fréquent entre la *compréhension* et la *signification* des faits. La signification introduit la possibilité d'une intention, ce qui n'est pas forcément le cas de la compréhension ou de l'explication.

Concernant le sacré, il paraît nécessaire d'accorder aux religieux la sincérité de leurs croyances et l'authenticité d'une volonté de dépassement. Ne pas accorder ce point relèverait d'un cynisme général. Assez peu probable. On imagine mal les servants d'un sacrifice antique, l'ensemble des chamanes subarctiques et tous les prêtres du monde avoir conscience de manipuler les foules. Pour ce qui est de l'esthétique, il se lie à la morale autant qu'à l'apparence. Le beau sexe et les sentiments amoureux ne figurent pas seuls dans les œuvres. Les obsessions, la duperie, l'illusion, la précarité, la duplicité ou la sincérité entrent en jeu trop souvent dans l'art pour le réduire à l'expression de pulsions brutes. Les *vanités* témoignent de l'illusion des apparences et de la puissance. Le crâne qu'elles montrent seul ou en compagnie de quelqu'un de beau ou de puissant renvoie précisément à l'illusion de l'instant. *Les Ambassadeurs* d'Hans Holbein ont rendez-vous avec la mort. Aller par-delà les apparences pour dire quelque chose de vrai, voir ce que cache le visible, cela fait entièrement partie d'une démarche poétique ou esthétique. Art et sacré se rejoignent par bien des aspects. Ne serait-ce que parce que le second finance le premier, et que le premier s'inspire des figures du second. Mais il faut aussi aborder un trait propre à l'art et aux cultes. Tous deux s'adressent à quelqu'un, souvent à plusieurs destinataires d'ailleurs. Ils sont imprégnés de signification. Le symbole, le signe et la socialisation des phénomènes religieux et artistiques forment un ensemble. Les traditions et la transmission de l'un comme de l'autre expriment cette socialisation. Tout comme les signes, messages, symboles et références s'adressent à l'entendement d'autrui. Ils partent même de représentations des pensées des autres pour mettre en scène ces significations, pour émettre un sens qu'ils peuvent comprendre.

Nous touchons là le cœur du problème. Si, pris comme des ensembles, l'art et la religion n'apparaissent que chez l'homme, les éléments qui les composent peuvent plonger leurs racines un peu plus loin. Non qu'il faille rechercher point par point des éléments bestiaux et soumis à la nature qui les composeraient l'un et l'autre, mais qu'ils en soient les prolongements. Si l'esthétique, la tradition, le culte, l'inspiration, les dieux n'existent pas – aux dernières nouvelles – chez l'orang-outan, peut-être que leur façon de transmettre une culture, de communiquer intentionnellement, de ritualiser leurs relations et de disposer d'assez de liberté pour innover, méritent d'être mise dans la balance. De plus en plus, on aborde les cultures humaines et animales en les différenciant par degré de complexité, et non en divisant le monde en deux, entre nous (la culture) et les autres (la nature). Et, ce qui échappe le plus à l'idée que nous nous faisons habituellement de l'animalité, réside dans la spiritualité et la beauté. Sauf à considérer que l'un et l'autre sont insufflés par un esprit divin, et qu'ils nous permettent de nous distinguer des animaux, il nous faudra développer ces deux points sur un plan anthropologique et historique. L'éthologie des grands primates, elle aussi, sera mise à contribution. Il semble là impossible de concilier spiritualité, beauté et animalité. Nos habitudes les opposent radicalement. Aussi peut-on proposer de questionner cette volonté de distinction générale et qui ne concerne pas seulement l'homme et la nature, mais surtout le génie humain de fragmentation des identités de toutes sortes. On peut affirmer par exemple que seul l'homme conçoit une nature dont il est capable de s'extraire. Et si c'était là un trait tout à fait animal, que de vouloir se référer à un ensemble, voire plusieurs, et d'en limiter l'étendue pour que cet ensemble soit pensable ? Trop étendu, il échapperait à nos capacités d'entendement. Il n'y a là rien de choquant ou d'anti-humaniste.

Folle ambition que celle de produire un discours anthropologique et historique sur le religieux et l'esthétique, en vue de les replacer dans une continuité animale. Tout d'abord, il ne s'agit pas de prétendre tout dire sur l'art, le spirituel et l'animal, mais d'orienter le questionnement dans une perspective de rupture et continuité. Tout d'abord en allant rechercher dans quelle mesure l'esthétique et le sacré constituent des faits anthropologiques. Avec des variations, des débats, évidemment, qui tendent à faire de tout phénomène un monde impossible à explorer dans son ensemble. Mais, puisqu'il s'agit de totalité humaine, il faut bien s'attaquer à l'universalité de l'art et du religieux. Autre dimension de cette perspective, le sacré et l'esthétique possèdent une fonction de ralliement et d'opposition. Ils cristallisent des points de référence, structurent une organisation et introduisent du clivage entre soi et les autres, entre le pouvoir et la révolte. Plus puissants que la chose politique officielle, tout en la pratiquant aussi, l'art et le sacré opèrent de façon implicite, par évidence. Pour paraphraser Clémenceau : « *le* politique est trop sérieux pour être confié à *la* politique », elle le dépasse. L'art quant à lui rallie non seulement par les goûts et les couleurs, mais aussi par la coopération qu'il suppose en termes de main d'œuvre, de matière, de filiation et de sacrifice de moyens. Enfin, les différents cultes et formes d'art expriment un récit structurant. L'art joue du sens, se joue du sens qu'on lui prête parfois, renvoie au double sens ou se prend au sérieux. Du pompeux à l'ironie, le jeu sur le sens et ses destinataires met en scène les expressions artistiques. Ce jeu sur le sens et la multiplicité des destinataires établit le troisième pont avec la spiritualité. En postulant que toute société humaine s'inscrit dans un collectif plus large, ce collectif est aussi peuplé de non humains. Officiellement, nous sommes étanches à cet extérieur non humain. Mais le religieux communique avec des dieux, des esprits et des morts d'une part, et se met lui aussi en scène face au public d'autre part. A ces choses, divinités, animaux et objets que nous traitons dans certaines conditions comme s'ils faisaient société avec nous, il est de bon ton d'attribuer le terme générique d'*agents*.

Enfin, la perspective éthologique devra à la fois se montrer à la hauteur des possibilités ouvertes par l'art et la spiritualité. On ne trouvera pas d'équivalent chez les autres animaux, la chose est entendue. Chercher par ailleurs des fonctions ou des analogies ne nous apprendrait pas grand-chose, car nous y retrouverions les nôtres en les projetant dès la question. En revanche, la question des projections ethnocentriques sur les autres cultures et sur le monde animal se pose pleinement. Le religieux se pose pourtant fort différemment selon les cultures. Aussi, lui trouver des invariants à projeter ensuite dans le monde animal serait-il contraire à une ambition évolutionnaire. Celle-ci suppose au contraire de ne pas chercher des éléments structurels immobiles, mais des logiques évolutives, des contraintes dynamiques. Ces logiques plongées dans l'animalité s'adressent d'abord à la constitution d'ensembles sociaux, et au fait de penser que même la spiritualité la plus immatérielle possible, répond elle aussi à une pensée du social.

Penser n'est pas le propre de l'Homme

Les singes capables de pensées abstraites ?

La question de l'intelligence des primates s'est posée dès le XVIe siècle, avec les récits des voyageurs comme Beakmans, Schoutten, Purchas, Duarte Lopez, Pyrard, Leguat parmi d'autres, des médecins Nicolas Tulp, Edward Tyson et Jacob de Bondt, et l'arrivée en Europe de quelques jeunes spécimens de chimpanzés et d'orangs-outans[45]. Une période faste s'ouvre au XVIIIe siècle, durant lequel les philosophes tentent de définir une humanité unique, qui verrait l'abolition de l'esclavage, l'égalité des hommes devant la loi, et l'aspiration au progrès. A contrario, voici qu'arrivent de petits anthropomorphes dénués de langage, à qui chacun s'accorde à reconnaître de la ruse et d'étranges imitations de comportements humains. Si Rousseau s'intéresse à eux, leur attribue quelques techniques et même le fait d'enterrer leurs morts, il y voit surtout la possibilité d'une société pure de tout progrès, de toute civilisation corruptrice de la nature. C'est précisément ce point qui fait consensus : l'absence de possibilité de progrès et de culture propre chez les grands anthropomorphes. Cela les réduit à de simples curiosités. L'impératrice Joséphine avait même le sien. On connaît aussi le prix payé par Buffon pour l'achat d'un jeune orang-outan. Une curiosité. Elle interpelle parce qu'elle déroge.

A la fois semblable et différent, le singe permet d'exclure radicalement l'homme de la nature. Buffon, Cuvier et Lamarck s'accordent sur ce point. Les ressemblances physiques entre les primates montrent surtout que l'humanité se caractérise par autre chose que le physique. Il parle, pense et produit du récit, fabrique

---

[45] Voir Lucienne Strivay : *Enfants sauvages, approches anthropologiques,* Paris, Gallimard, 2006.

des outils et progresse. Il est libre. Les singes, eux, sont peut-être futés, mais pas dénués d'intelligence réflexive. Ils communiquent certainement, mais sans la parole qui permet la pensée. Ils paraissent savoir se servir de quelques objets, mais uniquement parce qu'ils vivent en notre compagnie. Rapprocher l'homme des primates reviendrait à l'animaliser et à renoncer à ses privilèges. Là passe la frontière. Le grand singe se voit rejeté, avec les fauves et la terrible loi de la nature. Il faut attendre le développement de la psychologie expérimentale, très marquée par la théorie darwinienne. Espinas, Romanes, Boutan, les Yerkes puis Köhler ont défendu l'universalité de l'intelligence, qui ne différerait que par degré entre hommes et animaux, et non pas du fait d'une essence humaine, radicalement non animale[46].

Il faut donc attendre quatre siècles pour que la possibilité d'une intelligence émerge véritablement, et encore un de plus pour que l'hypothèse de cultures animales s'installe. D'importants transferts se produisent avec la psychologie de Jean Piaget, pour qui le développement de l'intelligence débute chez l'enfant par une période sensorimotrice de deux ans. On retrouve ce développement chez les primates. La psychologue américaine Kim Bard se servait par exemple de ce concept pour décrire le développement des jeunes orangs-outans. De son côté, l'un des fondateurs de la psychologie cognitive, Jerôme Bruner, avait longuement comparé l'apprentissage de l'enfant à celui des chimpanzés dans un essai resté célèbre : *Le Développement de l'enfant, savoir faire, savoir dire*. De leur côté, les primatologues continuent de comparer l'apprentissage chez les primates et les enfants, et en particulier chez des primates élevés en milieu humain, ainsi que le pratique Michael Tomasello[47]. De façon à peu près consensuelle, on peut

---

[46] G. Romanes, 1882, *L'Intelligence des animaux,* Tome I. (trad. Perrier, 1887). Paris, Félix Alcan. W., KöhlerR, 1973 (1927) : *L'intelligence des singes supérieurs.* Trad. P. Guilaume. Paris, PUF. M. & A. Yerkes, 1951 : *Les Grands singes, l'orang-outan*. Trad. M. Paz. Albin Michel

[47] M. Tomasello & J. Call : 1996 : « The effect of humans on the cognitive development of apes » in *Reaching into thought ; in the mind of*

avancer de nos jours que les grands primates adultes possèdent l'intelligence d'un enfant de trois ou quatre ans, selon les auteurs.

Dans un premier temps, l'enthousiasme a porté ses fruits. Quelques singes plus savants que d'autres ont pu apprendre des formes de langage, tel que la langue des signes (Washoe [1965-2007] et Chantek [1977-]) ou des symboles (Kanzi [1980-]). Leur aptitude à mémoriser se doublant d'une faculté de créer de nouveaux symboles montre la possibilité d'une pensée intentionnelle et d'une relation à autrui fondée sur le langage. Une victoire décisive, mais dont les limites apparaissent assez vite. En effet, Washoe, Kanzi et Chantek restent étanches à la syntaxe et à la grammaire. Le bastion humain du langage conserve une partie de sa puissance dans la ligne de défense anthropocentrique. L'intentionnalité du message et la compréhension d'une forme de langage non articulé ont cependant été relevées chez les vervets sauvages[48]. Les vocalisations des vervets avertissent leurs congénères de la présence d'un de leurs trois prédateurs potentiels. A chaque fois, le groupe réagit avec pertinence aux cris émis. La présence de l'aigle pousse le groupe au sol, celle d'un guépard les attire à la cime des arbres et celle d'un serpent les fait se redresser et surveiller leurs pattes postérieures.

L'idée d'une pensée sans langage, d'une intention de dire sans avoir la parole fit son chemin. Sans maîtriser un langage et sans intersubjectivité dans la construction de la pensée, l'animal ne peut atteindre le concept de concept. Le philosophe américain Davidson s'inscrit dans la ligne cartésienne, selon laquelle une rationalité dépend nécessairement d'un langage, d'un registre symbolique partagé, et d'une triangulation intersubjective entre le sujet, l'objet et l'interprète du propos[49]. Ceci étant, les primates se montrent capables d'identifier des catégories et de leur prêter des caractéristiques. Il semble bien qu'ils soient aussi capables de

---

the great apes, A.E. Russon, K.A. Bard, S.T. Parker. New York, Cambridge University Press : 371-403.

[48] R. Seyfarth, D. Cheney, P. Marler : « Monkey responses to three different alarm calls, evidence of predator classification and semantic communication » in Science Vol.14, n°4471, 1980 : 801-803.

[49] Joelle Proust : « L'Animal intentionnel » 2000, in *Terrain* n°34 : 23-36.

transférer ces caractéristiques à de nouveaux événements. Cette généralisation des cas particuliers se structure en inférences, et peut être modifiée par l'apprentissage. Avec un peu de modestie, il nous faut bien leur accorder une certaine intelligibilité du monde et le partage de normes implicites.

Il ya là deux possibilités. Soit les animaux établissent des corrélations simples entre des événements et modifient leurs actes en fonction de cela, soit ils vont jusqu'à comprendre les avantages, inconvénients, les croyances et les désirs rendus possibles par la situation présente. Cette dernière ligne interprétative se retrouve souvent dans les articles de primatologie, lesquels postulent la rationalité de l'animal. En 1987, Denett avait proposé différents degrés de compréhension, hiérarchisés selon le degré d'abstraction que chacun nécessite[50]. Une pensée du premier ordre attribue un désir ou une croyance (P croît que Q). Le deuxième ordre attribue un désir ou une croyance sur le désir ou la croyance (P ne veut pas que Q sache R). Le troisième ordre porte sur une croyance sur une croyance du deuxième degré (P veut que Q sache qu'il sait déjà R). Cette démarche semble compliquée, mais chacun la met en pratique au quotidien. Ainsi, « sais-tu qui est allé porter des croissants secrètement à sa belle en portant un casque pour ne pas qu'on puisse le reconnaître ? » est une pensée de troisième ordre tout à fait digne d'une discussion de machine à café. Elle semble en revanche hors de portée des primates, qui ne connaissent pas les croissants.

[50] Daniel Denett : *The Intentional Stance*, Cambridge, MIT Press, 1987.

Comprendre les pensées des autres ?

Le débat porte davantage sur la pensée de deuxième ordre, et sur la possibilité d'attribuer des croyances ou des intentions à autrui, et de tenter de les modifier. L'article historique signé Premack et Woodruff et intitulé « Les chimpanzés ont-ils une théorie de l'esprit » était construit à partir de situations requérant des aptitudes mentales sophistiquées[51]. Les chimpanzés pouvaient informer leur moniteur de la présence de nourriture s'il se montrait coopératif, ou lui mentir s'il ne l'était pas. Seuls les chimpanzés connaissaient l'emplacement de la nourriture, mais ne pouvant l'atteindre eux-mêmes, ils avaient besoin du moniteur pour la saisir. Le comportement de ce dernier étant toujours le même, les animaux pouvaient en attendre des comportements types et agir en conséquence, soit en indiquant une boîte pleine, soit une boîte vide. Agir de façon appropriée en fonction des intentions d'autrui diffère cependant de l'adaptation des comportements en fonction des événements. On peut ainsi établir des corrélations, sans pour autant comprendre les intentions d'autrui dans son for intérieur.

Le problème de cette expérience, et les années ont penché en leur défaveur, c'est précisément qu'il part d'un phénomène ne prouvant pas directement son objet. Il faut déduire un état mental des comportements animaux, et cela fait intervenir les présupposés des expérimentateurs. De fait, cette expérience a surtout montré que les chimpanzés savent adapter leur comportement social au comportement d'autrui, ce qui n'a rien de très extraordinaire, puisqu'ils appliquent les logiques de coopération au quotidien avec plus ou moins de succès. De Heyes à Tomasello[52], les critiques n'ont pas manqué. Dans sa synthèse des travaux sur la pensée

[51] David Premack :, « Does the chimpanzee have a theory of mind, revisited » *in* A. Whiten & R.-W Byrne : *The Machiavellian intelligence, social expertise and the evolution of intellect in monkeys, apes are humans*. 1988, Oxford University Press : 160-179.

[52] M. Tomasello 1997 : *Primate Cognition.* Oxford University Press, New-York.

animale, Joëlle Proust n'a pas manqué l'occasion d'en refaire les funérailles. Premack lui-même étant revenu sur ses premières conclusions[53], le rideau tombe sur l'hypothèse *Mindreader*.

Une autre déception fut celle de l'attention au regard d'autrui. Nous-mêmes étant particulièrement sensibles à la gestion du regard et à ce que celui-ci nous apprend sur les intentions d'autrui, David Povinelli a succombé à la tentation de l'étudier chez les chimpanzés. Lui aussi a changé d'avis entre ses premières expériences et les suivantes. Il s'agissait de savoir si les chimpanzés pouvaient se représenter le champ visuel d'autrui. Mais, même avec des objets incongrus obstruant la vision des moniteurs, de jeunes chimpanzés se montrent indifférents. Que les moniteurs aient un seau sur la tête ou sur l'épaule, un bandeau sur les yeux ou sur la bouche ne change rien à l'affaire. Ils peuvent donc regarder là où d'autres regardent, sans pour autant en déduire l'intérêt de la direction du regard. On leur demandait ainsi de comprendre que le regard était une source de connaissance du monde, et qu'il informait autrui quant aux informations disponibles dans le champ visuel. Mais un détail important reste en suspens.

Les primates évitent le regard, n'observent que fugacement les autres, et approchent par contournement. Fixer les autres dérange. Le face-à-face visuel débouche immanquablement sur une situation agonistique. Cet aspect fondamental des relations animales n'ayant pas été pris en compte, les expériences sur le regard montrent surtout la capacité inconsciente de projection de soi vers l'altérité animale. Ainsi, la position du corps informe-t-elle davantage les primates quant aux actions des autres. Si les primates élevés ou en situation d'apprentissage permanente avec des humains semblent bien être attentifs au regard, il n'en va pas de même chez leurs congénères n'ayant pas suivi cet entraînement.

Une attention particulière concernait les « opinions erronées » (*false belief*) d'autrui. Une bonne opinion, ou une information

---

[53] D. Premack, 1999 : *Le Cerveau et la pensée*, Paris, Ed. Sciences Humaines. & *Le bébé, le singe et l'homme*. 2003 : *Le bébé, le singe et l'homme*. Ed. O. Jacob, Paris. Ed. O. Jacob, Paris.

correcte peuvent résulter d'une logique élémentaire et d'informations similaires. Mais une opinion et une connaissance divergentes chez deux individus permettent véritablement d'étudier la compréhension de l'état mental d'autrui sur un plan méthodologique. C'était la voie suivie par Premack, Cheney, Seyfarth, Byrne, Heyes et Povinelli entre la fin des années 1980 et le milieu des années 1990[54]. Ce qui a pu être mis en évidence était que les chimpanzés comprenaient que les humains étaient animés et motivés par un but, et qu'ils provoquaient des événements. Cela n'implique nullement qu'ils comprenaient aussi l'état de leurs connaissances ou de leurs opinions. Aussi, Tomasello dénie toute scientificité à la théorie de l'esprit. Selon lui, « il n'existe aucune preuve établissant la compréhension des intentions ou de l'état mental d'autrui ».

En revanche, ce véritable rabat-joie adhère au consensus actuel des primatologues, selon lequel les primates non humains agissent spontanément et conformément à ce qu'ils ont appris en termes de causes et conséquences, ce qui leur permet notamment de prévoir les actes de leurs congénères. C'est-à-dire que ces primates établissent des corrélations d'événements et de comportements qui rendent prédictibles d'autres événements et comportements, sans que cela ne nécessite l'introspection, la compréhension de l'état d'esprit d'autrui, ni de pensée intersubjective par trop sophistiquée.

L'acharnement à placer la réflexion sociale des primates sur un plan psychologique pour expliquer les manifestations sociales n'est pas sans évoquer nos propres problèmes d'intersubjectivité, notre attention à vouloir lire dans la tête des autres, et la définition assez prétentieuse de l'humanité en tant qu'espèce pensante. Or, les cas de tromperie tactique – ce que d'aucuns avaient appelé « l'intelligence machiavélique » (souvent traduit par *machiavélienne*) n'exige pas forcément de croyance au sujet du niveau d'information d'autrui. Il faut et il suffit que les actes soient adaptés aux circonstances environnementales ou sociales. Avoir une conscience de soi en tant que sujet social devient un élément

[54] Andrew Whiten & Richard Byrne : *Machiavellian intelligence* II, Oxford , Oxford University Press, 1997.

de réflexion totalement accessoire. La cognition sociale exige en revanche de savoir identifier et catégoriser les cas particuliers selon des catégories plus générales. Il n'est pas besoin non plus de mots pour reconnaître ses alliés ou ses familiers, ce qui est comestible et ce qui ne l'est pas, ainsi que sa place dans la hiérarchie du groupe.

Les cas de tromperie (*déception*), dissimulation, réconciliation, altruisme réciproque, recrutement d'alliés et communication intentionnelle observés dans la nature ont bien lieu, indépendamment des exigences requises en laboratoire. Chez les primates non humains, l'échange d'informations serait inférentielle. Ne disposant pas des références explicites du langage, les interlocuteurs se trouvent dans l'obligation d'extraire le plus d'informations périphériques possible pour en dégager le sens des signaux émis, comme l'orientation et la position du corps.

La ritualisation des comportements interactionnels joue un grand rôle dans l'intelligibilité des phénomènes sociaux. Ces comportements appris se répètent. Leur grand nombre d'occurrences et les analogies de situation permettent la prévisibilité de leurs conséquences, ainsi que les opportunités de transgression. Par exemple, Franz de Waal avait décrit l'accolade de réconciliation suite aux affrontements chez les chimpanzés[55]. Il est arrivé que le vaincu se serve de ce nouveau rapprochement des corps lors de ce rituel pour se jeter sur celui qui vient de lui tendre la main. Ce faisant, il a pu anticiper cette opportunité grâce à la ritualisation, sans que cela nécessite une théorie de l'état mental coupable ni *fair-play* de son rival.

---

[55] Frans de Waal : *Le Bon singe : les bases naturelles de la morale.* Paris, Bayard Editions, 1997.

Rites, poses, visages ; l'animalité humaine

Rituels interactionnels et collectifs

Les interactions animales entre deux ou trois individus établissent des rapports de force ou maintiennent une cohésion. Leur signification émerge par leur répétition et leur association à un contexte qui se réitèrent périodiquement. Contrairement à ce qui était une idée répandue, ces rituels soudent des groupes, où la violence ne règne pas. Cet enseignement des travaux de Frans de Waal contraste avec les affirmations de Lorenz[56], autant qu'avec la croyance d'une nature brute et nécessairement brutale, le sauvage mu par la sauvagerie. Bien au contraire, les rituels d'intimidation évitent les combats chez les gorilles et les orangs-outans. Le premier fonce en direction de son rival ou d'un intrus, puis s'arrête soudainement. Le second émet des vocalisations qui évoquent un baiser très bruyant, un gros « smack » appelé le *kiss squeak*. De cette universalité du rite, tirons nous aussi un enseignement : nos rites appartiennent à l'ensemble des rites des primates. Des gestes, des postures, une façon de se tenir, des communications verbales et corporelles destinées à obtenir la bienveillance, qu'un souhait soit exaucé. Les rites religieux n'en représentent qu'un aspect.

Les interactions les plus explicites se retrouvent également dans les usages politiques. La déférence envers un interlocuteur se comprend facilement : la proskynèse persane, l'*oijigi* nippon, les larmes de sincérité, la génuflexion, la jointure des mains ou leur

[56] Frans B.M. de Waal : « Principes de coexistence pacifique chez les primates » in *Anthropologie et Sociétés*, Volume 12, numéro 3, 1988 : 39-61.

orientation vers le ciel en forment les expressions les plus répandues[57].

Quels en sont les objets ? Précisément la déférence, l'humilité du locuteur humain envers les agents auxquels il s'adresse. L'une des caractéristiques des relations ritualisées avec les non humains touche à sa forme. L'imprécation, la prière, l'offrande ou le sacrifice montrent toujours l'asymétrie entre celui qui espère recevoir un bénéfice de son geste, et les agents sensés écouter ses doléances. Ccs demandes s'adressent à un public exigeant et puissant. Au point que rien ne l'oblige à accéder aux demandes humaines. Pascal Boyer notait justement que parmi les constantes des agents divins, apparaît leur capacité à déroger aux règles sociales : ils ne meurent pas, savent tout, se permettent de punir à leur gré, et peuvent refuser de rendre un service pour lequel ils reçoivent des offrandes et des prières. Que les Grecs aient prié debout avec les paumes tournées vers le ciel, que les catholiques prient à genoux, que les musulmans se prosternent, ou que les Jivaros récitent un *anent* ne change rien à l'affaire. Prière et offrande s'inscrivent dans une relation sociale asymétrique et fondée sur la domination d'un agent non humain. Selon Nietzsche (*Crépuscule des idoles*), l'une des quatre grandes erreurs de la pensée réside précisément dans cette projection de consciences vers des objets imaginaires, lesquelles se cristallisent dans ces agents.

Les gestes stéréotypés des rituels humains et non humains renvoient aux expériences passées, et tentent d'en recréer les conditions de stabilité, de réactualiser les rôles de chacun. La mémoire y prend une fonction performative. On retrouve cette mémoire des rapports de force et leur réactualisation parmi les chimpanzés. Leurs chances de remporter un duel dépendent presque exclusivement de l'issue du duel précédent. Les rapports de force et les hiérarchies retrouvent leur légitimité. Bien sûr, les rituels ne peuvent avoir lieu sans une dose de théâtralisation et de séduction. Car il faut plaire à tout ce qui domine, tout ce qui

[57] La proskynèse consiste à se prosterner devant le souverain, et l'oijigi désigne le fait de saluer son interlocuteur en inclinant son corps.

structure le social en faisant l'économie d'une pensée réflexive. Dans le domaine religieux ou cultuel, il importe que le rite soit exécuté avec précision, et non avec réflexion. Le geste diffère de l'écrit, en ce qu'il n'offre pas le luxe de l'interprétation. L'ambition du rituel varie, certes. Il peut contrecarrer le (mauvais) sort, résoudre une crise, créer du lien social et de l'ordre, traiter des différends… mais n'oublie jamais de théâtraliser l'infériorité humaine dans ses supplications ou dans sa gestuelle. Or, qui de plus stéréotypé et de plus explicitement déférent que la sociabilité animale ?

Autre aspect de ce rapport éthologique entre humains et non humain : la privation, corollaire de l'offrande et du sacrifice. De même que les éléments les plus dominés des troupes animales possèdent l'espérance de vie la plus faible, ils reçoivent moins de nourriture que les autres, du fait que les dominants ne leur laissent l'accès qu'une fois arrivés à satiété. A l'échelle mondiale, cette vision des rapports humains laisse songeur. Toujours est-il que l'accès à la nourriture dépend d'autant plus de la hiérarchie sociale que l'environnement n'en prodigue pas toujours suffisamment. L'histoire humaine ne manque pas de pénuries organisées. La France, l'Ukraine et l'Irlande eurent leurs affameurs et leurs peurs. Aussi peut-on s'interroger quant aux motivations de l'exigence du jeûne et de la frustration sexuelle. Le mois de *Ramadan* est de loin le plus connu de nos jours, mais il éclipse les périodes de pénitence juive des 40 jours précédant le *Yom Kippour* (ou Grand Pardon), et le Carême catholique reliant le mercredi des cendres aux Pâques (46 jours, sauf le dimanche). Les orthodoxes pratiquent quant à eux deux carêmes, avec celui de l'*Avent*. On trouve évidemment ces formes d'ascétisme poussées plus avant parmi les éléments plus radicaux ; *pattapiṇḍika* chez certains bouddhistes, prolongation du Ramadan chez les musulmans, ou en lien avec les formes d'érémitisme ou de monachisme.

Ces jours de privation et de censure sexuelle ne concernent pas que les religions instituées. Il est de coutume que les chasseurs animistes d'Amérique latine s'abstiennent également de nourriture et de relations sexuelles, et ce, afin de ne pas contrarier les maîtres des animaux ou la *Tsunki*. Descola en fait état dans *les Lances du crépuscule*, mais on peut le généraliser à beaucoup de sociétés de chasseurs. Dans un autre registre, la gestion sociale des substances corporelles (le lait, le sperme et les menstrues) prescrit ce qui peut ou doit être consommé, par qui, pour quel usage et à quel moment. Privations et festins, licence et censure : deux volets faisant des non-humains les maîtres de la nourriture et de la sexualité. Une maîtrise par procuration, évidemment. Une maîtrise telle que lorsque surviennent les signes du mécontentement des esprits, des dieux ou de tout autre agent, ces signes ne sont pas remis en cause.

Le corps social accepte sa mise en défaut, cherche le coupable. L'origine première du mal ou d'une catastrophe naturelle se trouve dans la culpabilité humaine. Les punitions infligées par le mécontentement des agents non humains annoncent leur puissance et justifient toutes les frustrations au regard de ceux qui les subissent. Le corps social se cherche une domination extérieure et applique les formes élémentaires de la soumission en se privant, autant qu'en multipliant les gestes ostentatoires de l'humilité. Ces formes de la servitude volontaire se pratiquent à la fois de façon collective, avec des officiants représentant l'ensemble d'une communauté, et de façon privée.

L'interaction fictive entre Humains et non-Humains prolonge les règles des hiérarchies animales sans toutefois s'identifier pleinement avec elles. Parce qu'elles font appel à des constructions abstraites, et parce que l'exercice collectif ouvre des stratégies d'instrumentalisation nécessitant une réelle connaissance des croyances d'autrui, les formes de servitude envers les non-Humains dépassent la simple diplomatie destinée à obtenir un gain immédiat. Prier ne revient pas à quémander, mais à cristalliser dans une même spiritualité les règles de l'agentivité sociale, en même temps que celles de la dérogation.

Esthétique animale

Des poses, des gestes et des visages, ce n'est pas à proprement parler ce qui manque dans les représentations artistiques. La peinture montre des lieux de vie, affiche des relations de pouvoir, de désir, suggère des états mentaux. Or, rien de cela n'échappe à l'entendement animal. Les postures et les expressions faciales remplissent un monde de sens et forment les principaux éléments du langage non verbal. On n'apprend pas un vieux singe à faire des grimaces, mais on apprend à le comprendre. Tous les primates possèdent un registre commun d'expressions du visage[58], de la colère au mépris en passant par la joie, la tristesse. Un même trouble affecte humains et grands singes lorsqu'on les regarde dans les yeux. L'évitement du regard, la « chair de poule » concernent tous les primates. Certes, il y a ceux qui sourient en montrant les dents et ceux qui le font pour agresser. Mais les sentiments affirment différemment leur présence, même chez l'Homme. Le malentendu ne concerne pas que ses relations avec les autres animaux. Il fonde même la comédie. La chose représentée, humaine ou non, évoque bel et bien ce langage non verbal. Il n'y a là guère de critère fondamental de distinction. Se faire tirer le portait revient le plus souvent à faire valoir un statut social. Le portrait est ostentatoire. On montre sa respectabilité, son importance, on affiche ses moyens, son rang.

Si rupture il y a, ce n'est pas dans la chose représentée, mais dans la volonté de représenter ou de se faire représenter. Le sens donné à la représentation retire peut-être tout de cette volonté. Celle-ci enchaîne un sens au style. A minima, la façon de représenter dégage des impressions dans l'esprit d'autrui. Une pensée idéaliste rattacherait ce sens à une transcendance verticale, divine. Je la rattache pour ma part à une transcendance horizontale, sociale et à une compétence : l'empathie. Le style ou la façon de

[58] Moira Mikolajczak Les Compétences émotionnelles. Paris, Dunod, 2014, p70 – Charles Darwin, *L'expression des émotions chez l'homme et chez les animaux*, 2e éd.. Trad. S. Pozzi & R. Benoît. Paris, Reinwald, 1890.

faire, l'art de bien représenter, de se donner en représentation reviennent inlassablement à l'anticipation des attentes du public. On peut la satisfaire. On peut rater son public. On peut le provoquer, le décevoir volontairement. Mais, sauf à se croire habité par la quintessence de l'art (cela se soigne), la relation avec l'observateur définit une volonté de montrer. L'art se met en scène. Les références, les allusions, les traditions et l'appréciation de la technique par un public déterminent la reconnaissance de l'artiste. Si l'art peut se dispenser du monde des idées, il ne peut pas se dispenser de la croyance du public dans un monde d'idées.

La représentation pour autrui concerne aussi la subjectivité de l'artiste, premier juge de son travail, et qui affine celui-ci en fonction de ce qu'il veut communiquer. En tant que relation avec autrui, l'art nécessite non seulement une tradition et une technique, mais exige encore cette capacité d'appréhension des états mentaux liés à l'œuvre. La chose mise en scène n'adresse pas un message gratuit. Elle dépend étroitement d'un jugement, d'une attente. Le message joue de cette attente dans l'œuvre artistique. Il lui faut déjouer le jugement, l'attente, l'apriori, voir s'en jouer ouvertement. Certains trouvent l'art nécessairement subversif, après tout. Sauf qu'il faut bien vivre et partager les croyances du public. Au moins en public.

L'ironie passée, en quoi cela concerne-t-il une animalité humaine ? Au premier chef, la capacité à comprendre et anticiper autrui relève directement des critères de Denett. Ceux-ci concernent bien les différents niveaux d'abstraction et de représentation des croyances d'autrui du premier au troisième degré. Ainsi, l'œuvre d'art mêle à la fois une tradition et une technique, qui existent déjà dans le monde animal, à une pensée sur l'opinion d'autrui. L'artiste sait qu'il partage des informations avec son public (allusions, références) et sait qu'il se doit en prime de montrer qu'il le sait et par-dessus le marché, de surprendre par son propos. Le simple désir de correspondre à une conception de la beauté partagée par un public relève d'une pensée de deuxième ordre. Le sujet veut que le public pense que c'est beau (P veut que Q pense R). Mais plaire au public sur des goûts convenus ne satisfait pas toutes les conditions de la recherche esthétique. Celle-ci demande une anticipation des goûts et des références pour influer, provoquer un sentiment, modifier un état d'esprit (P veut que Q sache qu'il pense R). Montrer, occulter, enseigner, transmettre, dénoncer, influencer, duper, sont autant de formes prises par l'art qui le rendent nécessaire à toute forme politique et religieuse. Il s'intègre totalement à la cohésion des communautés. Le partage des références, la communication des sentiments, la mise en scène du social et l'imitation comme la critique des dominants inscrivent les arts parmi les aptitudes relèvent bien de ce type d'aptitude cognitive.

L'art fédère peut être même davantage que les urnes. Si le premier concert d'Hitler dans le stade de Nuremberg n'était qu'une mise en scène, les 100.000 à 200.000 spectateurs des concerts géants contemporains paient leur place pour entrer et voir leurs idoles de loin, de très loin. Anticipant les goûts et la pensée d'autrui, l'art confronte aussi les impératifs de l'artiste. Le récit qu'il donne du monde fait état d'un style, d'un jeu technique, d'une posture face à la tradition et aux habitudes. Il doit se légitimer. Les stratégies de légitimation renvoient d'ailleurs autant à la hiérarchie sociale, qu'aux aspects cognitifs qui précèdent. Toujours est-il que le récit donné à voir ou entendre fait appel aux standards culturels. Des standards bien évidemment tributaires de traditions, ce qui sous-entend des références fondées sur des stéréotypes, des archétypes artistiques (Vénus, Adonis, le Christ, le roi), des formes essentialisées.

Elles aussi renvoient à une économie cognitive, en ce qu'elles permettent d'asseoir une pensée et des comportements sans connaître le sujet en question. L'essentialisation de ces stéréotypes, loin d'élever l'esprit humain vers les sphères éthérées, le ramène vers les contraintes cognitives de tout animal. Elle rend pensable et appréhendable le sujet inconnu en le plaçant dans une catégorie plus générale. Cette façon de créer des ensembles, ces archétypes artistiques ou ses stéréotypes culturels s'inscrivent eux aussi dans une continuité des stratégies de cognition sociale chez l'ensemble des primates. Loin de descendre du ciel, la pensée d'une essence des choses se transmet entre primates dotés de langage et capables de former des généralités explicites.

Cela ne va pas sans erreurs ni malentendus. Mais le conditionnement du « prêt à penser », ou du « prêt à faire face » dispense le sujet d'expérience préalable. L'art véhicule ces standards, tout comme les cultes qui l'utilisent. Il ne s'agit en aucun cas de légitimer les formes d'essentialisme, mais d'exprimer l'origine évolutionnaire des catégorisations. Avec une part d'injustice et d'erreur, la normalisation de la pensée justifie l'identification d'une tradition ou d'une culture, d'une historicité et des formes multiples du conformisme. Evidemment, ceci indexe les catégorisations sur des hiérarchies sociales incompatibles avec l'ouverture d'esprit, et génère toutes les formes d'intolérance.

Une pensée de l'esthétique ne sépare donc pas l'Homme de l'animal. Elle prolonge des tendances cognitives, culturelles et sociales déjà présentes chez les autres primates. Prolonger ne signifie pas égaler. Prolonger signifie que différentes tendances animales, telles que la transmission et l'intérêt pour autrui trouvent des formes plus efficaces, plus abouties chez l'Homme. Elles constituent son animalité propre, certainement pas une originalité au-dehors de toute animalité.

Conclure

Avant d'envisager une post-humanité, encore faudrait-il sortir de toute animalité. Non pas la bestialité qui est un contre-modèle, ni même la sauvagerie de ce qui ose encore échapper à l'emprise civilisationnelle, mais bien notre propre animalité. Réputés objets de spéculation et de pensée, mondes du concept et de l'abstraction, l'art et la spiritualité s'y enracinent. L'éthologie des rituels, des poses et des usages du corps nu dans un premier temps. Mais aussi la façon dont ce corps nu s'apprivoise selon les codes et normes sociales. L'être social et animal joue des stratégies non seulement à l'échelle interactionnelle entre deux ou trous acteurs, mais aussi avec les agents, les identités et abstractions qui l'entourent. Nous transférons les interactions entre individus sensibles vers des sujets représentationnels : l'individu, le groupe au complet, des entités non matérielles que nous essentialisons. Cela concerne aussi bien les traditions monothéistes que l'animisme, qui traite avec des tribus-espèces et non des individualités animales.

Ils entrent de plain-pied dans ses stratégies. Lesquelles relèvent de deux facultés obsessionnelles. La première consiste à faire société avec tout. De façon différente, en assignant des statuts, en hiérarchisant les mondes humains et non humains, en classant les êtres, en subordonnant la communauté aux morts, aux esprits, aux dieux. La seconde tient à la gestion des relations avec autrui, fondée sur la quête, l'attente, l'anticipation des états mentaux et de la pensée d'autrui. Nous cherchons partout les reflets de l'âme ; dans les yeux, dans les gestes, dans l'attitude des corps. De même, nous cherchons partout les intentions des agents non humains ; dans les présages, les auspices, les fléaux, les désordres, les paysages et la voûte étoilée. Ces trois échelles définissent une animalité qui ne réduit pas l'homme à la bête, mais remet en perspective son appartenance à l'ordre des primates et ses signes distinctifs.

Les logiques d'opposition, d'identification, d'essentialisation et de hiérarchisation structurent aussi bien le culte que l'esthétique.

Les aspects ritualisés, comportementaux ou communicationnels de l'un comme de l'autre n'échappent pas aux sociétés animales. Les réseaux d'alliés, les relations triadiques, les coalitions stratégiques, l'ostentation et le don, et la réconciliation dans le cadre de relations à long terme des primates dépendent de leurs capacités de cognition sociale, elles-mêmes rendues matériellement possibles par le développement du néocortex. Cela n'a rien de nouveau. Mais une fois encore, l'humain n'est pas un chimpanzé. *Homo sapiens* diffère autant de *Pan paniscus*, que ce dernier de *Pongo pygmaeus*. Ce n'est donc pas parce que tous les primates mettent en œuvre des relations sociales intentionnelles, qu'ils conçoivent des abstractions et des symboles. En revanche, *Homo* s'inscrit pleinement dans une continuité de cognition sociale grâce à ces symboles et ces abstractions qui simplifient les choses.

La complexité des traditions esthétiques et religieuses découle du fait que nous conservions l'historique et qu'il apparaisse comme un récit, donc un terrain d'identité et d'affrontement, un territoire où l'on se reconnaît. Mais les outils de ce récit restent simples et se passent d'une très grande réflexion : les images sont faites pour cela. Là où les autres primates savent identifier les interactions et les coalitions, gardent en mémoire les relations durables, pensent des catégories discrètes (sexes, prédateurs, etc.), *Homo* étend explicitement ces catégories en leur donnant des caractéristiques individualisantes sous la forme de stéréotypes ou d'archétypes. L'aigle sculpté en haut d'une colonne dispense de réfléchir au pouvoir et à sa légitimité. Il rassemble et soumet. Ces formes se retrouvent dans la spiritualité comme dans les arts, et se pensent en tant qu'agents sociaux.

Il apparaît ainsi que l'emprise des stratégies sociales s'étendent non seulement sur la pensée abstraite, mais que celle-ci prolonge les stratégies sociales des primates chez l'Homme, qu'elle soit précisément la spécialisation animale de celui-ci. On a vu la force du symbole, de la croyance et du goût comme facteurs de coalition, d'opposition, de hiérarchisation et de coopération. Les formes de communication se mettent au service des logiques de groupe, dont le langage articulé et la pensée réflexive ne constituent que des sous-produits. Le langage intuitif, non conscient ou la simple suggestion fournis par les symboles ou les postures jouent fondamentalement dans les conceptions de l'art comme celles des religions. Aussi, là où il serait habituel de considérer la croyance comme un fondement et les rites comme des instruments mis à leur disposition, il apparaît que la ritualisation fait au contraire pleinement partie de la croyance, et procure même son contenu.

Le mythe entretient un fonctionnement de la société ; récits aristocratiques en Grèce, récits ancestraux dans l'Afrique des clans, récits de pureté dans l'Inde des castes ; récits totémiques en Australie : le récit ne se détache pas de la société, il entretient sa pérennité en même temps que sa cohésion. Autre exemple, si les Dayaks de Bornéo considèrent que les orangs-outans sont une tribu-espèce qui dépend d'un maître des animaux appelé *Kahiyu Kandal* ; est-ce le fait d'une catégorie ontologique ou un reflet de la pensée de la hiérarchie sociale ? Inversement, pour les biologistes qui étudient cet animal, chacun de ces primates sera considéré comme un individu, mais répondant à des caractéristiques liées à l'essence de l'espèce : est-ce la une conséquence du naturalisme ? Pas vraiment. Il faut donc bien intégrer d'autres données dans la pensée de ces altérités non humaines, à la fois comme semblables et comme radicalement distinctes. La culture produit immanquablement du social, lui-même produisant de la culture de façon indissociable.

Produire du sens revient aussi à produire du social. On peut penser à la présence toujours importante de mythes structurants. Des processus de cognition individuelle et des codifications collectives rendent compte de la formation des mythes et de leurs représentations artistiques. Pourtant, la façon dont on représente et structure la société d'un côté et les rapports avec les agents non humains de l'autre ne correspondent pas forcément. L'une n'est pas le calque de l'autre. Au début du siècle dernier, anthropologues et sociologues se sont inspirés des sociétés non modernes pour en tirer des principes généraux d'une physique des sociétés humaines. Allant chercher les fondements sociaux et spirituels de l'humanité directement au cœur du primitif, ils espéraient découvrir de grandes lois susceptibles d'expliquer aussi la modernité.

L'anthropologie sociale accueillait ces primitifs dans l'unité humaine. Le bon sauvage accédait au rang d'homme.

Ce faisant, ils ont aussi participé à l'extraction à la nature de ces « primitifs », autrefois appelés « naturels » par Rousseau ou « *Natürvölker* » par Rickert. Bien que toujours considérés comme primitives par Lévy-Bruhl, Boas, Durkheim et Bergson, les populations non modernes d'alors devenaient des « sociétés froides » pour reprendre l'expression de Lévi-Strauss. Du plus simple au plus complexe, le primitif pouvait évoluer en homme moderne. Mais cet homme moderne qui conçoit le religieux et l'esthétique échappe-t-il pour autant à son animalité ? Sa condition humaine l'y enchâsse tout autant que les autres. La liberté qui s'exprime dans l'évolution sociale apparaît aussi comme un éventail de choix, dans lequel pioche l'animal politique.

Cela ne signifie pas que la chose politique serve de modèle conceptuel au religieux ou au traitement des non-Humains, mais qu'ayant identifié les non-Humains à des agents, il devient nécessaire de leur attribuer une subjectivité conforme à ce qui est connu. En tant que sujet, chacun possède son modèle de ce qu'est un sujet social, ainsi que l'échelle à laquelle il se pense et le type de relation sociale adéquate. En tant que sujet individuel et membre d'une communauté, je pense autrui de la même façon à partir du moment où je lui accorde une subjectivité. A défaut, il ne s'agit que de propriétés liées à sa condition. On ne peut affirmer que les ancêtres, les esprits et les dieux ne sont que des métaphores de la société. On ne peut pas davantage prétendre qu'ils sont au-delà des sociétés. Les sociétés monarchiques de l'antiquité possédaient des panthéons tout aussi monarchiques. Les tribus animistes mettent en parallèle leur organisation tribale avec la diversité des espèces, chacune devenant une tribu également. Il faut bien se résoudre à composer des statuts hybrides, à la fois étrangers et familiers, à ces agents. Ceci vaut pour tous les non-Humains, sans distinction entre une « nature » et une « surnature » qu'on ne trouve pas dans les cultures animistes ou totémiques.

Le rapport à toute forme de dépassement de l'humain étant lui-même socialisé par les rites, rien n'échappe plus désormais à l'éthologie humaine. Cela signifie parallèlement que la dimension déraisonnable, fantastique ou irrationnelle du récit religieux ou de sa forme artistique, relève simplement d'une autre forme de logique. Ceci n'a rien de nouveau. Max Weber avait déjà désigné la raison non efficiente comme une « rationalité en finalité » ou *Wertrationalität*. Cette rationalité ne demande pas de preuve matérielle, pas de science. Elle suit un fonctionnement symbolique. Elle relie sa finalité sociale à un procédé rituel. Le sens qu'elle procure aux événements dépend d'abord de ce que le sujet veut entendre comme sens, et non du sens qu'une véritable expérience lui donnerait. La rationalité en finalité renvoie au symbole comme au politique, contraint de sortir du registre institutionnel, électoral ou civique. Elle interroge la façon dont tout esprit animal se conçoit dans un groupe et dans son *Umwelt*, comment il se situe dans les stratégies en œuvre et comment la structuration interne du groupe se lie à son environnement. Le symbole, les rites, l'évidence paradoxale des conventions, le partage des signes et l'intérêt pour les actes d'autrui forment les principaux outils de cette politique animale, et se retrouvent aussi bien dans la force des cultes, que dans les anticipations liées à l'art.

On a longtemps accusé les religieux de duper les fidèles. Il semblerait que shamans et prêtres s'ingénient plutôt à ruser avec des agents supérieurs. Un sens de la tromperie tactique qui équivaut à la fois à la façon dont les primates peuvent se comporter, et aux ambiguïtés de l'expression artistique. De même, la tromperie tactique forme-t-elle la base du calcul politique et de la guerre. Mais l'animalité qui en ressort n'appelle aucun dénigrement, au contraire de ce qu'auraient écrit des moralistes. Elle ne réduit pas non plus l'humanité à un vulgaire amas de cellules en mal de potentiel reproductif. L'intérêt concret, le calcul économique ou génétique n'est pas pensé – que ce soit par *Homo* ou par d'autres – de façon rationnelle. La compensation symbolique, la raison en finalité des attitudes sociale ; cela motive bien davantage les actes. Si la démographie y trouve son compte, cela rentre dans la sélection naturelle. Mais si compatibilité ou avantage sélectif il y a, il n'est pas pensé rationnellement. L'étape décisive du rapport à autrui et du jeu symbolique me paraît nécessaire à une compatibilité des pensées anthropologiques et évolutionnaires. Soyons rassurés ; là où la biologie avait tendance à simplifier derrière des corrélations compliquées et là où les anthropologues remplaçaient un déterminisme par un autre, il y a fort à parier que l'emboîtement des stratégies et calculs approximatifs de l'animal politique, religieux et poète produise son lot de complexité.

TABLE DES MATIERES

L'HARMATTAN ITALIA
Via Degli Artisti 15; 10124 Torino
harmattan.italia@gmail.com

L'HARMATTAN HONGRIE
Könyvesbolt ; Kossuth L. u. 14-16
1053 Budapest

L'HARMATTAN KINSHASA
185, avenue Nyangwe
Commune de Lingwala
Kinshasa, R.D. Congo
(00243) 998697603 ou (00243) 999229662

L'HARMATTAN CONGO
67, av. E. P. Lumumba
Bât. – Congo Pharmacie (Bib. Nat.)
BP2874 Brazzaville
harmattan.congo@yahoo.fr

L'HARMATTAN GUINÉE
Almamya Rue KA 028, en face
du restaurant Le Cèdre
OKB agency BP 3470 Conakry
(00224) 657 20 85 08 / 664 28 91 96
harmattanguinee@yahoo.fr

L'HARMATTAN MALI
Rue 73, Porte 536, Niamakoro,
Cité Unicef, Bamako
Tél. 00 (223) 20205724 / +(223) 76378082
poudiougopaul@yahoo.fr
pp.harmattan@gmail.com

L'HARMATTAN CAMEROUN
BP 11486
Face à la SNI, immeuble Don Bosco
Yaoundé
(00237) 99 76 61 66
harmattancam@yahoo.fr

L'HARMATTAN CÔTE D'IVOIRE
Résidence Karl / cité des arts
Abidjan-Cocody 03 BP 1588 Abidjan 03
(00225) 05 77 87 31
etien_nda@yahoo.fr

L'HARMATTAN BURKINA
Penou Achille Some
Ouagadougou
(+226) 70 26 88 27

L'HARMATTAN SÉNÉGAL
10 VDN en face Mermoz, après le pont de Fann
BP 45034 Dakar Fann
33 825 98 58 / 33 860 9858
senharmattan@gmail.com / senlibraire@gmail.com
www.harmattansenegal.com

L'HARMATTAN BÉNIN
ISOR-BENIN
01 BP 359 COTONOU-RP
Quartier Gbèdjromèdé,
Rue Agbélenco, Lot 1247 I
Tél : 00 229 21 32 53 79
christian_dablaka123@yahoo.fr

Achevé d'imprimer par Corlet Numérique - 14110 Condé-sur-Noireau
N° d'Imprimeur : 125225 - Dépôt légal : janvier 2016 - *Imprimé en France*

www.ingramcontent.com/pod-product-compliance
Lightning Source LLC
LaVergne TN
LVHW051407061026
849535LV00009B/3412
* 9 7 8 2 3 4 3 0 7 9 7 7 6 *